响应式网页设计
（HTML5 + CSS3 + CMS）

主　编　李文奎　张朝伟
副主编　宿宏毅　陈立松　朱继宏
参　编　徐哲英　杨文斌　韩娟妮

北京理工大学出版社
BEIJING INSTITUTE OF TECHNOLOGY PRESS

内 容 提 要

本书结合最新的 HTML5 与 CSS3 技术，深入浅出地介绍响应式网页设计需要掌握的相关知识及技能。在理论知识讲解方面，从初学者的角度，以通俗易懂的语言、实用的案例讲解了 HTML5 和 CSS3 基本知识和技巧；在实例制作方面，注重实践和新技术。同时本书还结合 CMS 内容管理系统，讲解了使用 CSS 进行模板设计的方法，使读者可以快速构建动态网站。

本书可作为高等院校网页设计类课程教材，也可作为 Web 前端开发人员、网站建设人员的参考书，还可作为各类计算机职业培训教材。

版权专有　侵权必究

图书在版编目（CIP）数据

响应式网页设计：HTML5＋CSS3＋CMS／李文奎，张朝伟主编．—北京：北京理工大学出版社，2016.6

ISBN 978－7－5682－2329－4

Ⅰ．①响…　Ⅱ．①李…②张…　Ⅲ．①网页制作工具　Ⅳ．①TP393.092

中国版本图书馆 CIP 数据核字（2016）第 102147 号

出版发行 / 北京理工大学出版社有限责任公司	
社　　址 / 北京市海淀区中关村南大街 5 号	
邮　　编 / 100081	
电　　话 /（010）68914775（总编室）	
（010）82562903（教材售后服务热线）	
（010）68948351（其他图书服务热线）	
网　　址 / http：//www.bitpress.com.cn	
经　　销 / 全国各地新华书店	
印　　刷 / 三河市华骏印务包装有限公司	
开　　本 / 787 毫米×1092 毫米　1/16	责任编辑 / 封　雪
印　　张 / 18.5	文案编辑 / 封　雪
字　　数 / 432 千字	责任校对 / 周瑞红
版　　次 / 2016 年 6 月第 1 版　2016 年 6 月第 1 次印刷	责任印制 / 李志强
定　　价 / 52.00 元	

图书出现印装质量问题，请拨打售后服务热线，本社负责调换

前　　言

随着移动互联网技术的发展和智能手机的普及，人们浏览网页所用的浏览器以及使用浏览器的设备都在不断地发生变化，移动设备成为访问互联网的最常见终端。而移动终端屏幕的像素和分辨率与桌面显示器的像素和分辨率相差甚远，传统网页主要针对桌面显示器设计，不适合在移动终端中显示。因此，适合多终端的响应式网页设计成为用户的期盼，以HTML5 和 CSS3 为核心的移动 Web 技术将成为构建网页的新标准。

本书根据计算机相关专业人才培养的需要，结合高等教育对学生特定职业或职业群所需的知识和技术能力的要求、行业及企业相应岗位能力要求以及当今流行的网页制作新技术和新标准，以"实用为主、够用为度"的原则，在理论知识讲解方面，从初学者的角度，以通俗易懂的语言、实用的案例讲解了 HTML5 和 CSS3 基本知识和技巧；在实例制作方面，注重实践和新技术。同时，本书还结合 CMS 内容管理系统，讲解了使用 CSS 进行模板设计的方法，使读者可以快速构建动态网站。每章前设置"学习目标"，引导读者学习；章后设置"习题与实践"，实践注重实际应用，由浅入深，具有很强的实用性。

在编写本书的过程中我们倾注了大量心血，但难免会有疏漏与不妥之处，恳请广大读者及专家批评指正，不吝赐教。在阅读本书过程中，如需实例涉及的素材与效果文件，可发电子邮件至 345066179@qq.com 索取。

编　者
2016 年 3 月

目 录

第1章 网页与网站 ·· 1
   1.1 网页与网站基础 ··· 1
   1.2 网页与网站的组成 ··· 3
   1.3 网页开发工具 ·· 9
   1.4 网页浏览器 ··· 17
   习题与实践 ·· 19

第2章 HTML 基础 ·· 21
   2.1 HTML 结构 ·· 21
   2.2 HTML 文本标记 ·· 25
   2.3 图像与超链接 ·· 38
   2.4 列表 ·· 45
   2.5 表格 ·· 50
   2.6 表单 ·· 59
   习题与实践 ·· 73

第3章 HTML 提高 ·· 78
   3.1 HTML5 结构化元素 ·· 78
   3.2 多媒体播放 ·· 83
   3.3 地理定位 ·· 95
   习题与实践 ·· 103

第4章 CSS3 基础 ·· 105
   4.1 CSS 概述 ·· 105
   4.2 CSS 选择器 ·· 111
   4.3 CSS 颜色和度量单位 ··· 135
   习题与实践 ·· 140

第5章 CSS 样式控制 ·· 142
   5.1 CSS 文本样式 ·· 142
   5.2 CSS 盒子模型 ·· 155
   5.3 CSS 背景样式 ·· 166
   习题与实践 ·· 177

第6章 CSS 定位 ·· 179
   6.1 元素浮动与消除 ·· 179
   6.2 内容溢出 ·· 185
   6.3 元素显示 ·· 186
   6.4 元素定位 ·· 188

6.5　阶段案例 191
习题与实践 195

第7章　网页布局 197
7.1　网站规划 198
7.2　网站页面元素 199
7.3　网页布局设计 201
7.4　项目实践 206
习题与实践 220

第8章　响应式网页设计 223
8.1　响应式网页设计基础 223
8.2　CSS3 媒体查询 224
8.3　响应式网页设计流程 227
8.4　响应式网页设计实践 228
8.5　项目实践 232
习题与实践 250

第9章　CMS 基础 252
9.1　CMS 简述 252
9.2　常见的 CMS 253
9.3　Web 服务器 254
习题与实践 256

第10章　CMS 提高 257
10.1　DedeCMS 的安装 257
10.2　DedeCMS 目录与结构 265
10.3　DedeCMS 标签 266
10.4　首页面制作 270
10.5　二级页面制作 277
10.6　三级页面制作 281
习题与实践 285

参考文献 287

第 1 章　网页与网站

在互联网飞速发展的今天，网页与网站已成为网络办公、商业宣传、个性展示的主要途径之一。随着移动互联网的快速发展，人们不再满足于访问 PC 端网页，开始更多地使用移动终端访问网页，适合多终端的响应式网页设计成为互联网的主要发展方向。本章从介绍 Internet 和网页制作技术的基础知识开始，让读者在动手设计网页之前对互联网和网页制作技术有基本的认识；同时，介绍网页开发的工具和设计技巧。

学习目标

- 了解网页与网站基础；
- 掌握网页的组成；
- 了解网页的开发工具；
- 了解并熟练使用网页浏览器。

1.1　网页与网站基础

1.1.1　网页基础

网页是构成网站的基本元素，是承载各种网站应用的平台。通俗地说，网站就是由网页组成的，如果只有域名和虚拟主机而没有任何网页，那么客户将无法访问网站。网页可以存放在世界某个角落的某一台计算机中，是万维网中的一页，是超文本标记语言格式，通过网页浏览器来阅读。

网页用超文本标记语言（HTML）书写，又称为 HTML 文件，是一个包含 HTML 标签的纯文本、图像、动画、声音、视频、表格、表单、导航等超文本文件，如图 1-1 所示。

1.1.2　网站基础

网站（Website）是指在因特网上根据一定的规则，使用 HTML 等语言制作的用于展示特定内容网页的集合。简单地说，网站就是把众多有关联的网页整理在一起，发布在互联网上供大家浏览。网站是一种沟通工具，人们可以通过网站来发布自己想要公开的资讯、提供相关的网络服务，获取自己需要的资讯或者享受网络服务，如图 1-2 所示。衡量一个网站的性能通常从网站空间大小、网站位置、网站连接速度（俗称"网速"）、网站软件配置、网站提供的服务等几方面考虑，最直接的衡量标准是网站的真实流量。

图1-1

图1-2

1.2 网页与网站的组成

1.2.1 网页的组成

网页的基本构成元素是网页中的标题、文本、图像、动画、声音、视频、表格、表单、按钮、背景、超链接等。内容是网页的灵魂,而文本则是构成网页灵魂的基础;超链接、表单、按钮、菜单等是网页的行为控件;表格、图像、动画、声音、视频、背景等是确定网页的格局和装饰。文本与图像在网页上的运用是最广泛的,一个内容充实的网页必然会用大量的文本与图像,把超链接应用到文本和图像上,才能使这些文本和图像"活"起来。

1. 文本

文本是网页上最重要的信息载体和交流工具,网页中的主要信息一般都以文本形式为主。在网页中可以设置字体、大小、颜色、底纹、边框等文本的属性。

2. 图像

图像元素在网页中具有提供信息并展示直观形象的作用。图像在网页中不可缺少,但也不能太多,因为图像在计算机中占用的容量远比文本大,所以访问远程服务器下载网页到本地计算机的速度较慢,如果网页上插入过多的图片,则打开网页的时间相对会很长,浏览者一般就不会再继续等下去,而且如果网页上放置过多的图片,会显得很乱,有喧宾夺主之势。网页中的图像一般分为静态图像和动画图像两类:静态图像在页面中可能是光栅图形或矢量图形,通常为 GIF、JPEG、PNG 或矢量格式(如 SVG);动画图像通常为 GIF 和 SVG 格式。

3. 动画

动画在网页中的作用是有效吸引访问者更多的注意。Flash 是美国 MACROMEDIA 公司推出的优秀网页动画设计软件。它是一种交互式动画设计工具,可以将音乐、声效、动画以及富有新意的界面融合在一起,制作出高品质的网页动态效果。由于 HTML 语言的功能十分有限,无法达到人们预期的设计,不能实现令人耳目一新的动态效果,在这种情况下,各种脚本语言应运而生,使得网页设计更加多样化,如图 1-3 所示。

图 1-3

4. 声音

声音是多媒体和视频网页重要的组成部分。网页中常用的声音文件格式包括 WAV、MP3、MIDI、AIF、RA、RAM、RM、QTM、MOV 等。声音能极好地烘托动画的氛围，但是考虑到添加声音会大大增加文件所占的磁盘空间，要谨慎使用声音。

5. 视频

视频文件的采用使网页效果更加精彩且富有动感。通过视频制作工具及软件，录制、剪辑、制作出丰富、精彩、连续的图像、声音文件即为视频文件。网页中常用的视频文件格式主要包括 MPEG、MPG、DAT、AVI、MOV、ASF、WMV、RMVB、FLV、MP4、3GP。

6. 表格

表格是在网页中用来控制页面信息的布局方式，如图 1-4 所示。

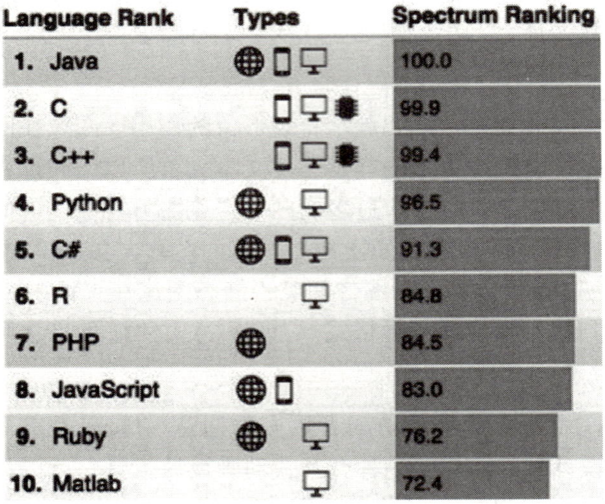

图 1-4

7. 导航栏

导航栏在网页中是一组超链接，其链接的是网页中的其他页面，如图 1-5 所示。

图 1-5

8. 表单

表单在网页中通常用来链接数据库并接受访问用户在浏览器端输入的数据，利用服务器数据库为客户端与服务器提供更多的互动，如图 1-6 所示。

图 1-6

9. 超链接

超链接是 Internet 中最为有趣的网页对象，在网页中单击链接对象，即可实现在不同页面之间的跳转，或者链接到其他网站上，还可以下载文件和发送 E-mail。而网页是否能够实现更多的功能，取决于超链接的规划。无论是文字还是图像都可以加上超链接标记。

1.2.2 网站的组成

在早期，域名、空间服务器与程序是网站的基本组成部分，随着科技的不断进步，网站的组成也日趋复杂，多数网站由域名、空间服务器、DNS 域名解析、网站程序、数据库等组成。

1. 域名（Domain Name）

域名是由一串用点分隔的字母组成的 Internet 上某一台计算机或计算机组的名称。用于在数据传输时标识计算机的位置，域名已经成为互联网的品牌、网上商标保护必备的产品之一。DNS 规定，域名中的标号都由英文字母和数字组成。每一个标号不超过 63 个字符，不区分字母大小写。标号中除连字符（-）外，不能使用其他标点符号。级别最低的域名写在最左边,级别最高的域名写在最右边。

2. 空间服务器

常见的网站空间有虚拟主机、独立服务器、云主机、虚拟专用服务器(VPS)。

虚拟主机(图1-7、图1-8)用特殊的软硬件技术,把一台计算机主机分成一台台"虚拟"的主机,每一台虚拟主机都具有独立的域名和IP地址(或共享的IP地址),具有完整的Internet服务器功能,即把一台真实的物理电脑主机分割成多个逻辑存储单元,每个单元没有物理实体,但是每一个单元都能像真实的物理主机一样在网络上工作。

图1-7

图1-8

虚拟主机的关键技术在于,即使在同一台硬件、同一个操作系统上,运行着为多个用户打开的不同的服务器程式,也能互不干扰。在网络服务器上划分出一定的磁盘空间供用户放置站点、应用组件等,提供必要的站点功能、数据存放和传输功能。

独立服务器(图1-9)指的是服务器在网络中所担任的一种职能。服务器只为网络内的计算机提供单一的服务,不负责网络内计算机的管理职能。通常情况下,独立服务器在客户机-服务器网的地位高于普通客户机,低于域控制器,如图1-10所示。

图1-9

云主机(图1-11)是云计算(图1-12)在基础设施应用上的重要组成部分,位于云计算产业链金字塔底层,产品源自云计算平台。云计算平台整合了互联网应用三大核心要素(计算、存储、网络),面向用户提供公用化互联网基础设施服务。云主机是一种类似VPS主机的虚拟化技术,VPS是采用虚拟软件VZ或VM在一台主机上虚拟出多个类似独立主机的部分,能够实现单机多用户,每个部分都可以做单独的操作系统,管理方法同主机一样。而云主机是在一组集群主机上虚拟出多个类似独立主机的部分,集群中每个主机上都有云主机的一个镜像,从而大大提高了虚拟主机的安全稳定性,只有所有的集群内主机全部出现问题,云主机才会无法访问。

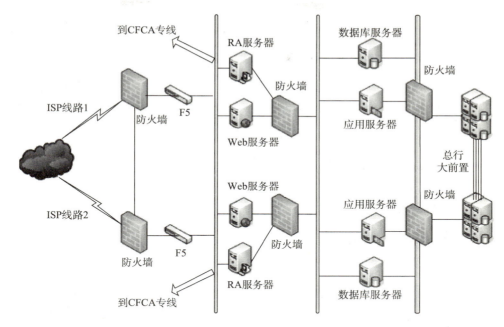

图 1-10

图 1-11

图 1-12

  VPS 是将一个服务器分成多个虚拟独立专享服务器的技术。每个使用 VPS 技术的虚拟独立服务器拥有各自独立的公网 IP 地址、操作系统、硬盘空间、内存空间、CPU 资源等,还可以进行安装程序、重启服务器等操作,与运行一台独立服务器完全相同。VPS 的应用如图 1-13 所示。

3. DNS 域名解析

  DNS 域名解析即把域名(俗称网址)与一一对应的主机 IP 相互映射,使用户通过域名准确地访问主机的某一网站。有这样一种现象:网站制作完成后上传到虚拟主机时,可以直接在浏览器中输入 IP 地址浏览网站,也可以输入域名查询网站,虽然得出的内容是一样的,但是调用的过程不一样,输入 IP 地址是直接从主机上调用内容,输入域名是通过域名解析

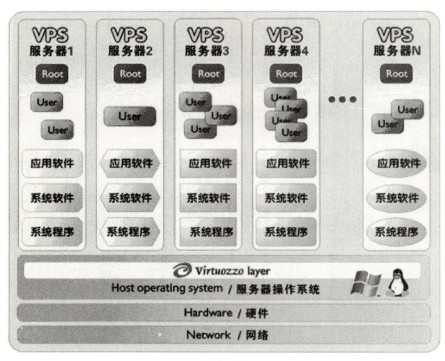

图 1-13

服务器指向对应主机的 IP 地址,再从主机调用网站的内容。人们习惯记域名,但机器间只认识 IP 地址,域名与 IP 地址之间是多对多的关系,一个 IP 地址不一定只对应一个域名,一个域名也可以对应多个 IP 地址,它们之间的转换工作称为域名解析。域名解析需要由专门的域名解析服务器来完成,整个过程是自动进行的,如图 1-14 所示。

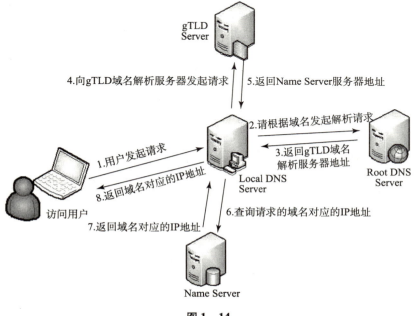

图 1-14

4. 网站程序

程序即建设与修改网站所使用的编程语言，换成源码就是一些按一定格式书写的文字和符号，浏览器会帮我们翻译成我们看到的模样。

5. 数据库

网站数据库是动态网站存放网站数据的空间，也称数据库空间。现在大多数网站都是由 ASP、JSP、PHP、ASPX 开发的动态网站，网站数据由专门的一个数据库来存放。网站数据可以通过网站后台，直接发布到网站数据库，供网站调用。网站数据库根据网站的大小，数据的多少，决定选用 MYSQL、ACCESS、DB2 或 ORCLE 数据库。

1.3 网页开发工具

"工欲善其事，必先利其器"，在网页制作过程中，为了开发方便，通常会选择一些较便捷的工具，如记事本、Editplus、notepad++、sublime、Dreamweaver 等。对于初学者来说，Dreamweaver 软件是不错的选择。

Dreamweaver 是美国 MACROMEDIA 公司开发的集网页制作和网站管理于一身的所见即所得的网页编辑器，它是一套针对专业网页设计师视觉化网页开发工具，利用它可以轻而易举地制作出跨越平台限制和浏览器限制的充满动感的网页。

1.3.1 Dreamweaver 界面介绍

启动 Dreamweaver CS6 后默认显示起始页，在菜单栏中选择【文件】|【新建】，弹出"新建文档"对话框，在"文档类型"中选择"HTML5"选项，如图 1 – 15 所示。

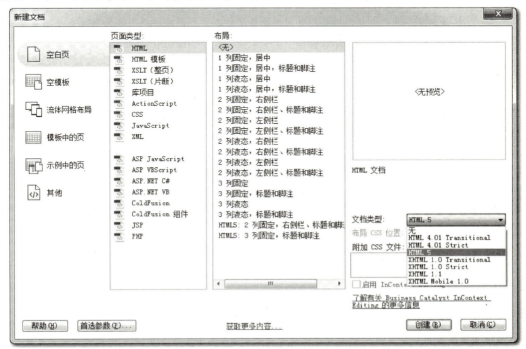

图 1 – 15

单击"创建（R）"按钮，即可创建一个空白的 HTML5 网页文档，如图 1 – 16 所示。

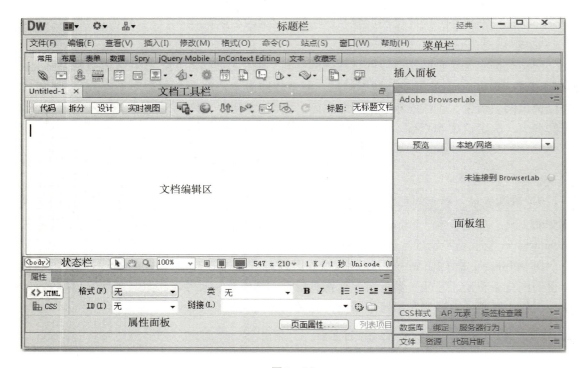

图 1 – 16

1. 菜单栏

菜单栏位于标题栏下方，以菜单命令的方式集合了 Dreamweaver 网页制作的所有命令，单击某个菜单项，在弹出的菜单中选择相应的命令即可执行对应的操作。

2. 插入面板

插入面板包含用于创建和插入对象的按钮。这些按钮按类别进行组织，可以从"类别"选项卡中选择所需类别进行切换，如图 1 – 17 所示。

图 1 – 17

3. 文档工具栏

文档工具栏位于菜单栏下方，主要用于显示页面名称、切换视图模式、查看源代码、设置网页标题等操作。Dreamweaver CS6 提供了多种查看代码的方式。

● 设计视图：仅在文档窗口中显示页面的最终效果。在文档工具栏中单击"设计"按钮即可切换到该视图，如图1-18所示。

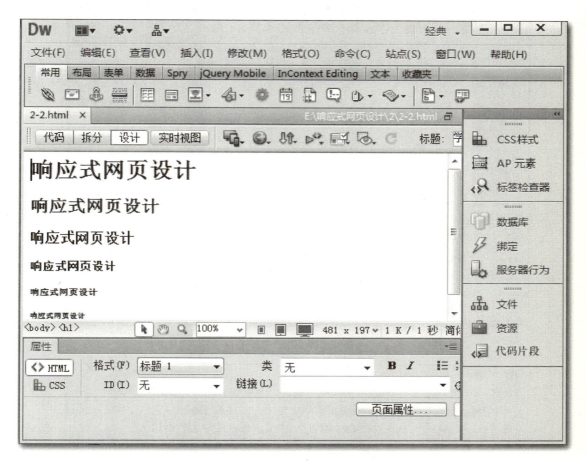

图1-18

● 代码视图：仅在文档窗口中显示页面的代码，适用于代码的直接编写。在文档工具栏中单击"代码"按钮即可切换到该视图，如图1-19所示。

● 拆分视图：文档窗口中同时显示代码视图和设计视图。在文档工具栏中单击"拆分"按钮即可切换到该视图，如图1-20所示。

● 实时视图：当切换到该视图模式时，可在页面中显示JavaScript特效。在文档工具栏中单击"实时视图"按钮即可切换到该视图。

4. 状态栏

状态栏位于文档编辑区下方，如图1-21所示，各按钮的作用介绍如下。

● 标记选择器 <body>：显示当前的HTML标记，单击相应标记可以快速选择编辑区中的对象。

● 选取工具：单击该按钮后，可以在设计视图中选择各种对象。

图1-19

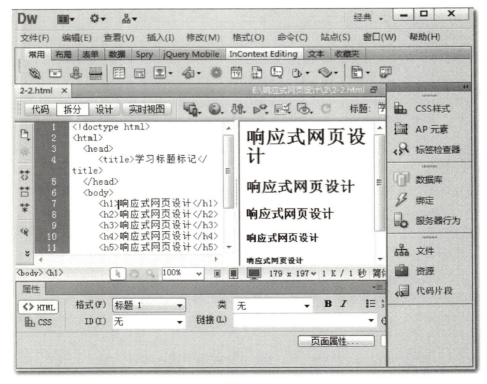

图1-20

图 1-21

- 手形工具■：单击该按钮后，在设计视图中拖曳鼠标可移动整个网页，从而查看未显示的网页。
- 缩放工具■：单击该按钮后，在设计视图中单击鼠标可以放大或缩小设计视图中的内容。
- 窗口大小栏■：用于设置和显示当前设计视图的大小。

5．属性面板

属性面板位于 Dreamweaver CS6 底部，用于查看和设置所选对象的各种属性，如图 1-22 所示。

图 1-22

6．面板组

默认情况下，面板组位于操作界面的右侧，按功能可将面板组分为设计类面板、文件类面板和应用程序类面板。可通过快捷键或窗口菜单显示或关闭面板组。

1.3.2 创建站点

创建站点是指把本地硬盘上的一个文件夹作为网站的根目录，在根目录中根据网站的内容合理建立文件及文件夹。通常建立"images""css""JavaScript"等文件夹存放各自类型的文件。

选择【站点】|【新建站点】菜单命令，在打开的对话框的"站点名称"文本框中输入"mysite"，单击"本地站点文件夹"文本框右侧的"浏览文件夹"按钮■，如图 1-23 所示。

打开"选择根文件夹"对话框，在"选择"下拉列表框中选择 E 盘中事先创建好的"sxt"文件夹，单击"选择"按钮，如图 1-24 所示。

单击"选择"按钮后，返回站点设置对象对话框，单击"保存"按钮，稍后在面板组的"文件"面板中即可查看到创建的站点，如图 1-25 所示。

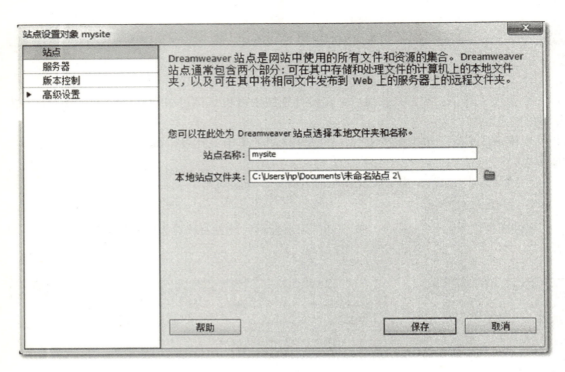

图 1 – 23

图 1 – 24

图 1-25

1.3.3 管理站点文件夹和文件

在网站根目录中编辑文件夹和文件,可以方便地管理网页和素材。

在"文件"面板的"站点-mysite"选项上单击鼠标右键,在弹出的快捷菜单中选择"新建文件夹(R)"命令,如图 1-26 所示。

图 1-26

分别建立"images""css"和"JavaScript"三个文件夹，如图 1-27 所示。

在"文件"面板的"站点-mysite"选项上单击鼠标右键，在弹出的快捷菜单中选择"文件"命令，建立"index.html"首页文件，如图 1-28 所示。

图 1-27

图 1-28

1.3.4 浏览网页

双击"文件"面板组中的网页文件，进行相应的编辑，编辑完成后保存。选择【文件】|【在浏览器中预览】，在列表中选择一个列出的浏览器，或按【F12】键直接用主浏览器预览当前文档。按【Ctrl+Shift+F12】组合键，可以直接用次浏览器预览当前文档，如图 1-29 所示。

图 1-29

1.4 网页浏览器

在网络信息如此发达的今天,浏览器已成为人类互联网生活中必不可少的工具。网页浏览器是指可以显示网页服务器或者文件系统的 HTML 文件内容,并让用户与这些文件交互的一种软件。

目前,常用的浏览器有 IE、谷歌(Chrome)、火狐(Firefox)、Opera 和 Safari 等,如图 1-30 所示。

图 1-30

1. IE 浏览器

IE 浏览器的全称是 Internet Explorer,由微软公司推出,直接绑定在 Windows 操作系统中,无须下载安装。IE 有 6.0、7.0、8.0、9.0、10.0、11.0 等版本,目前最新版本是 IE11.0。不同版本的浏览器性能有所差别,因此在制作网页时,要考虑其兼容性。

基于 IE 内核的浏览器有 360 安全浏览器、百度浏览器、QQ 浏览器、猎豹安全浏览器、搜狗浏览器等,它们的特点是占用内存和 CPU 资源较少,相对比较安全。

2. Chrome 浏览器

Google Chrome 又称 Google 浏览器,是由 Google(谷歌)公司开发的网页浏览器。该浏览器基于其他开源软件撰写,包括 WebKit,目标是提升稳定性、速度和安全性,并创造出简单且有效率的使用界面。Chrome 浏览器的 beta 测试版本在 2008 年 9 月 2 日发布,有 Windows、Mac OS X、Linux、Android 以及 IOS 版本提供下载。目前最新版本为 44,有丰富的插件供用户使用,按快捷键【Ctrl + Shift + I】打开扩展工具,可供开发者调试,如图 1-31 所示。

3. Firefox 浏览器

Mozilla Firefox 中文俗称"火狐",是一个自由及开放源代码网页浏览器,使用 Gecko 排版引擎,有 Windows、Mac OS X 及 GNU/Linux 版本供下载,目前最新版本为 44。

Firebug 是火狐浏览器下的一款开发插件,它集 HTML 查看和编辑、JavaScript 控制台、网络状况监视器于一体,是 HTML、CSS、JavaScript 等前端开发的得力助手。打开浏览器,在工具中选择"附加组件"命令,下载 Firebug 插件,安装完成后使用快捷键【F12】可以直接调出 Firebug 界面,如图 1-32 所示。

图 1−31

图 1−32

4. Opera 浏览器

Opera 浏览器是挪威 Opera Software ASA 公司制作的一款支持多页面标签式浏览的网络浏览器，可以在 Windows、Mac 和 Linux 三个操作系统平台上运行。Opera 浏览器创始于 1995 年 4 月，目前最新版本为 34.0（34.0.2036.50）。

5. Safari 浏览器

Safari 是苹果计算机的最新操作系统 Mac OS X 中的浏览器，使用了 KDE 的 KHTML 作为浏览器的运算核心。Safari 也是 iPhone 手机、iPodTouch、iPad 平板电脑中 IOS 默认的浏览器。目前最新版本为 IOS8，其特点是界面简洁，支持手势操作。

简言之，IE、Firefox 和 Chrome 是目前互联网上最常用的三大浏览器，国内其他常用浏览器还有 360 安全浏览器、搜狗高速浏览器、傲游浏览器、QQ 浏览器、百度浏览器、光速浏览器等。对一般网站而言，只要兼容 IE、Firefox 和 Chrome 浏览器，就能满足大多数用户的需求。

习题与实践

一、选择题（不定项）

1. 下列选项中全是网页扩展名的是（　　）。
   A. .htm　.html　.asp　.jsp　.php　　　B. .doc　.exe　.xls　.ppt　.txt
   C. .dbf　.dbc　.dll　.inf　.shtm　　　D. .jpg　.gif　.wav　.bmp　.asf
2. 网页的基本元素有（　　）。
   A. 文本　　　　　B. 动画　　　　　C. 图像　　　　　D. 超链接
3. 网站由哪几项组成？（　　）
   A. 域名　　　　　B. 空间　　　　　C. 程序　　　　　D. 数据库
4. 使用在苹果最新操作系统中，并采用 KDE 的 KHTML 作为运算核心的浏览器是（　　）。
   A. Opera 浏览器　　　　　　　　　B. Safari 浏览器
   C. Firefox 浏览器　　　　　　　　D. 360 极速浏览器

二、填空题

1. 网站包括_____、_____、_____、_____。
2. 网页上常用的视频格式主要包括：_____。
3. 常见的网站空间有_____、_____、_____、_____。
4. 一般开发动态网站使用的语言是_____、_____、_____。
5. 网站后台数据库有_____、_____、_____。

三、名词解释

1. 网页：
2. 网站：
3. 浏览器：

四、简答题

1. 网页开发工具有哪些？请简单描述其特点。
2. 什么是网站？什么是表单？

五、操作题

1. 下载教材中提到的 5 种浏览器并安装。
2. 设置各浏览器相关参数及风格。

第 2 章 HTML 基础

HTML 作为一种标记语言，是网页制作的基础，它的核心思想就是使用相应的 HTML 标记或者属性来控制网页格式。本章从 HTML 文档基本格式开始，详细讲述网页的结构、HTML 语言的语法等知识，最后较全面地介绍 HTML 的常用标记，为学习后续内容打下基础。

学习目标

- 掌握 HTML 文档基本格式，能够书写规范的 HTML 网页；
- 了解 HTML 语言语法规范；
- 掌握 HTML 基本标记，学会制作普通网页。

2.1 HTML 结构

2.1.1 HTML 网页文档基本格式

写信通常有一定的格式，如开始有称呼，最后有落款，同样，HTML 网页文档是一种有结构的文档，需要遵从一定的规范。图 2-1 标注了 HTML 网页文档的基本结构。

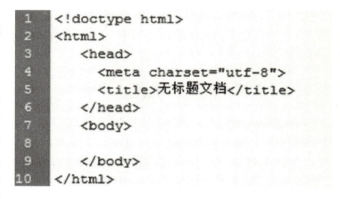

图 2-1

1. < !doctype html > 标记

每一个 HTML 文档都必须以 doctype 元素作为开头，这个元素告诉浏览器两件事情：第一，它处理的是 HTML 文档；第二，指明用来标记文档内容的 HTML 所属版本。如果删除此标记，就是把如何显示 HTML 页面的权利交给浏览器来处理。不同的浏览器可能会有不同的显示效果。

2. < html > 标记

< html > 标记位于 < !doctype html > 标记之后，也称为根标记，< html > 标记表示 HTML 文档的开始，</html > 标记表示 HTML 文档的结束，文档的所有内容都书写在 < html > 和 </html > 之间。

3. < head > 标记

< head > 标记用于定义 HTML 文档的头部信息，也称为头部标记，紧跟在 < html > 标记之后，主要用于说明文档头部相关信息，一般包括标题信息（< title >）、元信息（< meta >）、

定义 CSS 样式（< style >、< link >）、脚本代码 < script > 及默认地址（< base >）。</head > 标记表示 HTML 文档头部信息结束。

4. < title > 标记

< title > 标记用来定义 HTML 文档的标题或名称的开始，</ title > 标记表示标题的结束。浏览器通常将该标记的内容显示在窗口的标题栏或标签页的标签上。每个 HTML 文档都应该有且只有一个标题标记，并且开始标记和结束标记之间的内容应该有实际意义。

5. < meta > 标记

< meta > 标记定义有关页面的各种元数据（meta data）。它有多种不同用法，同一个 HTML 文档中可以包含多个 meta 元素。在 HTML 中，< meta > 标记没有结束标记。

< meta charset = "utf-8" > 表明 HTML 文档内容采用的是 utf-8 字符编码。中文网页通常采用 gb2312 和 utf-8 编码，推荐采用 utf-8 编码，因为该编码能以最少的字节表示所有 Unicode 字符。

< meta name = "author" content = "liwk" > 设置当前页的作者。

< meta name = "description" content = "This is a Example" > 设置当前页的描述。

6. < body > 标记

< body > 标记用于定义 HTML 文档所要显示的内容，也称为主体标记，</body > 标记表示主体结束，浏览器中所有文本、图像、声音和视频等信息都位于 < body > 和 </body > 之间，它们中的信息最终展示给用户。

一个 HTML 文档只能包含一对 < body > 标记，位于 </head > 标记之后，与 < head > 标记是并列关系。

2.1.2 HTML 语言规范

在 HTML 页面中，带有 "< >" 符号的元素称为 HTML 标记，也称为 HTML 标签或 HTML 元素，如上面提到的 < html >、< head >、< title >、< body > 等都是 HTML 标记。所谓标记就是放在 "< >" 标记符中表示某个功能的编码命令。

1. 单标记和双标记

为了便于学习和理解，通常将 HTML 标记分为两大类，分别是"单标记"和"双标记"，具体说明如下：

- 单标记：是指只有开始标记而没有结束标记。其基本格式如下：

< 标记名 >

HTML 通常只有 < meta >、< img >、< hr >、< br > 等少数几个单标记。

- 双标记：是指由开始和结束两个标记符组成的标记，成对出现。其基本格式如下：

< 标记名 > 内容 </ 标记名 >

< 标记名 > 表示该标记的作用开始，一般称为"开始标记"，</ 标记名 > 表示标记的作用结束，一般称为"结束标记"，结束标记只是在开始标记名前加一个关闭符"/"。如 < html > 与 </html >，< head > 与 </head > 标记。

2. 注释标记

HTML 中还有一种特殊的标记——注释标记，如果需要在 HTML 文档中添加一些便于自己或别人阅读和理解但又不需要在页面中显示的说明文字，就可以使用注释标记。其基本格式如下：

<!--注释文字-->

3. 标记的属性

使用 HTML 制作网页时，如果需要 HTML 标记提供更多的功能，就需要使用标记的属性。大多数 HTML 标记都拥有属性，其基本格式如下：

<标记名 属性名1=属性值1 属性名2=属性值2 ……>内容</标记名>

通常一个标记可以有一个或多个属性，位于标记名之后，属性之间不分先后次序，标记名与属性、属性与属性之间需要用空格分开。标记的属性有默认值，省略该属性则取默认值。例如：

<img src=a.jpg>

<img src=a.jpg width=300px height=400px>

src、width、height 为属性名，a.jpg、300px、400px 为相应的属性值，<img src=a.jpg>以默认大小显示 a.jpg 图像；<img src=a.jpg width=300px height=400px>以宽度 300 像素、高度 400 像素显示 a.jpg 图像。

4. HTML 标记书写规范

在编写 HTML 文档的时候，应当遵守一定的书写规范，便于人们阅读和理解。

（1）标记名、属性和属性值大小写。HTML5 中标记名、属性和属性值可以大写、小写或大小写混合，使用小写字母更规范。例如：

<h1 align=center>响应式网页设计</h1>（推荐写法）

<H1 ALIGN=Center>响应式网页设计</h1>

<H1 ALIGN=CENTER>响应式网页设计</H1>

（2）属性值是否用""括起来？在 HTML5 中，属性值两边的引号可以不写，也可以用单引号（''）或双引号（""），但习惯上还是用""括起来。例如：

<h1 align="center">响应式网页设计</h1>

（3）标记的合理嵌套。HTML 文档中一个标记包含其他标记时，包含的标记称为父标记，被包含的标记称为子标记，子标记必须完全地被包含在父标记中。例如：

<p>精通<b>HTML</b>是学习网页设计的基础</p>（正确书写）

<p>精通<b>HTML</p>是学习网页设计的基础</b>（错误书写）

先开始<p>，再开始<b>，就必须先结束</b>，再结束</p>。

2.1.3 创建第一个网页

利用记事本编写简单网页文件非常方便，具体步骤如下：

1. 创建

（1）单击桌面左下角的"开始"按钮，单击【所有程序】|【附件】|【记事本】命令，或在桌面空白处单击右键，选择【新建】|【文本文档】，打开记事本。

（2）在记事本中，输入如图 2-2 所示的内容，完成一个简单网页的制作。

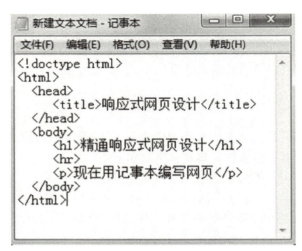

图 2-2

2. 保存

记事本编写的文件,默认会保存为".txt"文本文件,而网页文件必须保存为以".html"或".htm"为后缀名的文件。

(1)选择【文件】|【另存】命令,或按【Ctrl + S】组合键,弹出"另存为"对话框,选择保存路径,然后在"文件名"文本框中输入文件名"2-1.html",如图2-3所示。

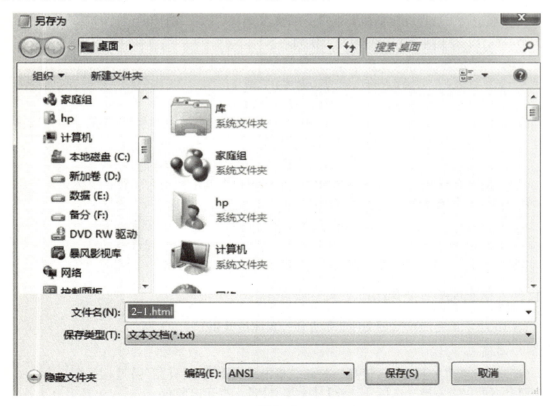

图 2-3

(2) 单击"保存"按钮,在保存路径目录下生成可以用浏览器直接打开的网页文件,如图 2-4 所示。

3. 浏览

双击网页文件,可以看到浏览效果,如图 2-5 所示。

图 2-4

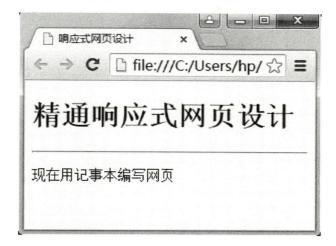

图 2-5

4. 编辑

如果想再次对此网页文件进行编辑,步骤如下:

(1) 右键单击该网页文件,选择【打开方式】|【记事本】命令,即可打开网页文件。

(2) 在记事本中对文件进行编辑。

(3) 编辑完成后,选择【文件】|【另存为】命令,或按【Ctrl + S】组合键保存网页文件。

2.2　HTML 文本标记

网页中大部分内容是文本,为了让文字能够排版整齐、结构清晰,HTML 提供了一系列文本控制标记。表 2-1 汇总了常用的文本标记。

表 2-1　HTML 常用的文本标记

标记名	说明
<h1> <h2> <h3> <h4> <h5> <h6>	标题标记
<p>	段落标记
 	换行标记
<hr>	水平线标记
<font>	文本样式标记
<b> 与 <strong>	加粗标记

续表

标记名	说明
<i>与<em>	倾斜标记
<u>与<ins>	下划线标记
<s>与<del>	删除线标记
<sup>	上标标记
<sub>	下标标记
<code>	表示计算机代码片段
<var>	表示编程环境中的变量
<samp>	表示程序或计算机系统的输出
<kdb>	表示用户输入
<abbr>	缩写标记
<ruby>	语言标记

1. 标题标记<hn>

为了使网页更具有语义化，经常会在页面中用到标题标记，HTML 提供了 6 个等级的标题，即<h1>、<h2>、<h3>、<h4>、<h5>和<h6>，其基本格式如下：

<hn align=对齐方式>标题文本</hn>

该语法中 n 的取值为 1~6（1 号最大，6 号最小，数字越大，字号越小），align 属性为可选属性，用于指定标题的对齐方式，有 left（左对齐）、center（居中）和 right（右对齐），默认为左对齐。标题文本自动换行并且加粗显示。下面通过一个案例来说明标题标记的使用，如例 2-2.html 所示。

例 2-2.html

```
<!doctype html>
<html>
<head>
<title>学习标题标记</title>
</head>
<body>
<h1>响应式网页设计</h1>
<h2>响应式网页设计</h2>
<h3>响应式网页设计</h3>
<h4>响应式网页设计</h4>
<h5>响应式网页设计</h5>
<h6>响应式网页设计</h6>
</body>
</html>
```

运行例2-2.html，效果如图2-6所示。

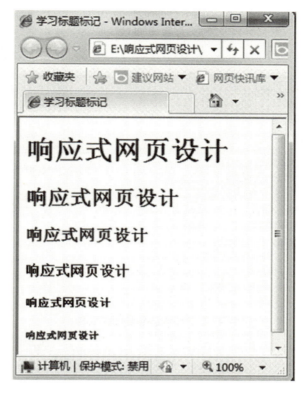

图2-6

2. 段落标记<p>

<p>标记是HTML的段落标记，HTML会忽略人们在文本编辑中输入的回车和空格，所有文本都在一个段落里，要在网页中开始一个新段落，必须输入<p>标记。其基本格式如下：

<p align = 对齐方式>段落文本</p>

默认情况下，一个段落中的文本会根据浏览器窗口的大小自动换行，段落之间会有一定距离。align属性有left（左对齐）、center（居中）和right（右对齐），默认为左对齐。下面通过一个案例来说明段落标记的使用，如例2-3.html所示。

例2-3.html

```
<!doctype html>
<html>
<head>
<title>段落标记</title>
</head>
<body>
<h3>掌握多种语言的理由</h3>
<p>学习是有趣的。</p>
```

```
<p align = "left">你将掌握技术动态。</p>
<p align = "center">你可以在工作中选择最佳的工具。</p>
<p align = "right">表明你是学习能力强的人。</p>
</body>
</html>
```
运行例2-3.html，效果如图2-7所示。

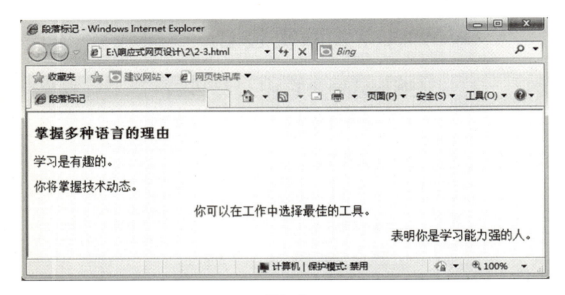

图2-7

3. 换行标记

HTML中，一个段落中的文字会从左到右自动排列到浏览器的右端，然后自动换行，如果希望在某处强制换行，就需要用
标记。其语法格式如下：

```
<br>
```

该标记为单标记，下面通过一个案例来说明换行标记的使用，如例2-4.html所示。

例2-4.html

```
<!doctype html>
<html>
<head>
<title>段落与换行标记</title>
</head>
<body>
<h3>网站建设</h3>
<p>前端开发应掌握<br>HTML<br>CSS<br>javascript<br>jQuery<br>相关知识</P>
<p>动态网页开发具有<br>asp<br>asp.net<br>php<br>jsp<br>等语
```

言</p>
　　</body>
　　</html>

运行例 2-4.html，效果如图 2-8 所示。

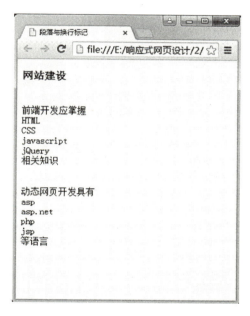

图 2-8

通过上例发现，段落标记之间有一行的间隔，换行标记只是实现强制换行功能。

4. 水平线标记 <hr>

网页中为了实现不同内容之间的分隔，使文档结构清晰，层次分明，可以通过水平线标记来实现，其基本格式如下：

<hr align = 对齐方式 width = 水平线宽度 size = 水平线的粗细 color = 水平线的颜色>

默认情况下，水平线的对齐方式为居中，水平线宽度为浏览器窗口的 80%，水平线的粗细为 1 像素，颜色为灰色。

该标记为单标记，下面通过一个案例来说明水平线标记的使用，如例 2-5.html 所示。

例 2-5.html

<!doctype html>
<html>
<head>
<title>水平线标记</title>
</head>

```
<body>
<hr>
<hr align=left width=300px>
<hr align=center width=60% size=1px color=red>
<hr align=right width=300px size=5px color=green>
</body>
</html>
```

运行例2-5.html，效果如图2-9所示。

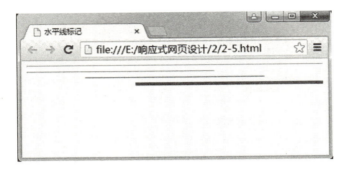

图2-9

水平线的宽度有绝对宽度和相对宽度，绝对宽度为像素，不会随浏览器窗口大小而改变；相对宽度为百分比（%），随浏览器窗口大小而改变。

5. 文本样式标记 \<font\>

\<font\>标记用来改变文字字体、大小和颜色，其基本格式如下：

\<font face=字体 size=字号 color=颜色\>文本\</font\>

属性face用来设置文字字体，如宋体、黑体、微软雅黑等；size用来设置文字的大小，可以取1~7之间的数值，1号最小，7号最大，默认为4号；color用来设置文字的颜色，默认为黑色。HTML5不推荐使用\<font\>标记，通过一个案例来说明文本标记的使用，如例2-6.html所示。

例2-6.html

```
<!doctype html>
<html>
<head>
<title>文字样式标记</title>
</head>
<body>
<p>我是默认样式</p>
<p><font size=1 color=red>我是1号红色文字</font></p>
<p><font size=4 color=green>我是4号绿色文字</font></p>
<p><font face="微软雅黑" size=7 color=blue>我是7号蓝色微软雅黑
```

文字</font></p>
　　</body>
　</html>
运行例2-6.html，效果如图2-10所示。

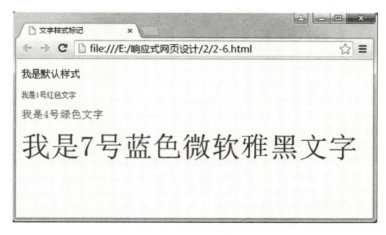

图2-10

6. 加粗标记＜b＞与＜strong＞

在文档中经常会出现重要文本加粗显示或强调方式显示，HTML5中＜b＞表示加粗显示，＜strong＞表示强调并且加粗显示，其基本格式如下：

＜b＞文本内容＜/b＞
＜strong＞文本内容＜/strong＞

如例2-7.html所示。

例2-7.html
＜!doctype html＞
＜html＞
＜head＞
＜title＞加粗标记＜/title＞
＜/head＞
＜body＞
＜p＞我是＜b＞加粗＜/b＞显示的文本＜/p＞
＜p＞我是＜strong＞强调＜/strong＞显示的文本＜/p＞
＜/body＞
＜/html＞

运行例2-7.html，效果如图2-11所示。

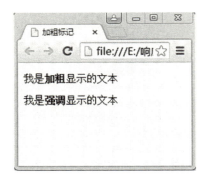

图2-11

7. 倾斜标记＜i＞与＜em＞

HTML中＜i＞标记实现文本倾斜显示，＜em＞标记实现文本加强调并且倾斜显示，其基本格式如下：

＜i＞文本内容＜/i＞
＜em＞文本内容＜/em＞

如例2-8.html所示。

例2-8.html

```
<!doctype html>
<html>
<head>
<title>倾斜标记</title>
</head>
<body>
<p>我是<i>i</i>显示的文本</p>
<p>我是<em>em</em>显示的文本</p>
</body>
</html>
```

运行例2-8.html，效果如图2-12所示。

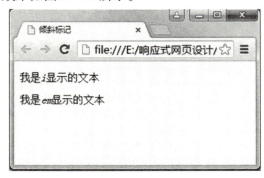

图2-12

8. 下划线标记 <u> 与 <ins>

HTML 中 <u> 标记实现下划线功能,<ins> 标记实现文本加强调且下划线显示,其基本格式如下:

<u>文本内容</u>

如例 2-9.html 所示。

例 2-9.html

```
<!doctype html>
<html>
<head>
<title>下划线标记</title>
</head>
<body>
<p>网页主要由<u>结构</u>、<u>表现</u>和<u>行为</u>三部分组成。</p>
</body>
</html>
```

运行例 2-9.html,效果如图 2-13 所示。

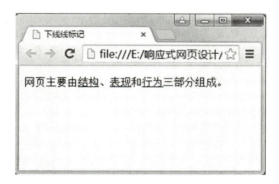

图 2-13

9. 删除线标记 <s> 与 <del>

HTML 中 <s> 标记实现删除线功能,<del> 标记实现文本加强调且具有删除线功能,其基本格式如下:

<del>文本内容</del>

如例 2-10.html 所示。

例 2-10.html

```
<!doctype html>
<html>
<head>
<title>删除线标记</title>
</head>
```

```
<body>
<del>价格:50元</del>优惠价:<u>19元</u>
</body>
</html>
```
运行例2-10.html，效果如图2-14所示。

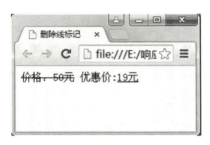

图2-14

10. 上标与下标标记

<sup>标记用来定义上标文本，也就是将文字缩小并放置在右上角的位置，变成上标记，如平方的数字；<sub>标记用来定义下标文本，也就是将文字缩小并放置到右下角的位置，变成下标记，如化学符号。其基本格式如下：

```
<sup>文本内容</sup>
<sub>文本内容</sub>
```

如例2-11.html所示。

例2-11.html

```
<!doctype html>
<html>
<head>
<title>上标与下标标记</title>
</head>
<body>
<!-- 上标标记 -->
<p>3<sup>2</sup>+4<sup>2</sup>=5<sup>2</sup></p>
<!-- 下标标记 -->
<p>CO+O<sub>2</sub>=CO<sub>2</sub></p>
</body>
</html>
```

运行例2-11.html，效果如图2-15所示。

11. 表示输入和输出标记

HTML5提供了四个代表计算机输入和输出的标记，<code>表示计算机代码片段；<var>表示编程环境中的变量；<samp>表示程序或计算机系统的输出；<kdb>表示用户输入。这属于英文范畴，必须将lang="en"才能体现效果，其基本格式如下：

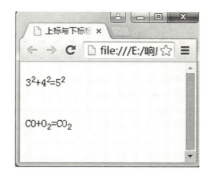

图 2-15

<code>英文文本</code>
<var>英文文本</var>
<samp>英文文本</samp>
<kdb>英文文本</kdb>

如例 2-12.html 所示。

例 2-12.html

```
<!doctype html>
<html lang="en">
<head>
<title>输入和输出标记</title>
</head>
<body>
code 元素:这是<code>HTML5+CSS3</code>教程<br>
var 元素:这是<var>HTML5+CSS3</var>教程<br>
samp 元素:这是<samp>HTML5+CSS3</samp>教程<br>
kdb 元素:这是<kdb>HTML5+CSS3</kdb>教程<br>
</body>
</html>
```

运行例 2-12.html,效果如图 2-16 所示。

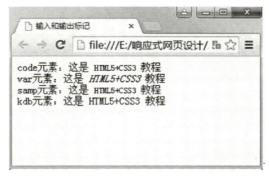

图 2-16

12. 缩写标记 <abbr>

<abbr>标记用来表示缩写，其 title 属性表示该缩写代表的完整词语，其基本格式如下：

<abbr>title="完整内容"缩略词</abbr>

如例 2-13. html 所示。

例 2-13. html

```
<!doctype html>
<html>
<head>
<title>缩写标记</title>
</head>
<body>
<abbr title="Hyper Text Markup Language">HTML</abbr>
</body>
</html>
```

运行例 2-13. html，效果如图 2-17 所示，当鼠标移到"缩略词"时，会显示"完整内容"。

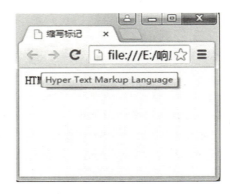

图 2-17

13. 语言标记 <ruby>

注音符号（ruby character）是用来帮助读者掌握表意语言（如汉语和日语）文字正确发音的符号，位于这些文字上方或右方，ruby 元素表示一段包含注音符号的文字。<ruby>标记需要与<rt>标记和<rp>标记搭配使用。<rt>标记用来标记注音符号，<rp>标记则用来供不支持注音符号特性的浏览器显示注音符号前后括号中的内容。其基本格式如下：

<ruby>文本内容<rp>(</rp><rt>注音内容</rt><rp>)</rp></ruby>

如例 2-14. html 所示。

例 2-14. html

```
<!doctype html>
<html>
<head>
<title>语言标记</title>
</head>
<body>
<font size=7>
<ruby>饕<rp>(</rp><rt>tāo</rt><rp>)</rp></ruby>
<ruby>餮<rp>(</rp><rt>tiè</rt><rp>)</rp></ruby>
</font>
</body>
</html>
```

运行例 2-14.html，如果浏览器支持注音符号，如图 2-18 所示；如果浏览器不支持注音符号，那么 <rp> 和 <rt> 标记的内容都会被显示出来，如图 2-19 所示。

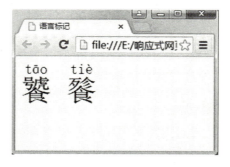

图 2-18

图 2-19

14. 特殊文字符号

在 HTML 中，特殊字符以"&"开头，以";"结尾，中间为相关字符。常用特殊字符如表 2-2 所示。

表 2-2　HTML 常用特殊符号

显示	HTML 编码	说明
		空格
<	&lt;	小于
>	&gt;	大于
&	&amp;	& 符号
" "	&quot;	双引号
©	&copy;	版权
®	&reg;	已注册商标
™	&#8482;	商标
×	&times;	乘号
÷	&divide;	除号

2.3　图像与超链接

图片是网页中不可缺少的元素，巧妙地在网页中使用图片可以为网页增色。网页不仅支持多种图片格式，还可以对图片进行宽度和高度设置。

2.3.1　网页中的图像格式

网页中的图像格式不仅影响网页外观，而且影响网页的加载速度，所以选择不同图像格式对网页制作非常重要。

网页中常用的图像格式主要有 GIF、JPEG、PNG 和 WebP 四种，它们的特点如下：

1. GIF 格式

GIF（Graphics Interchange Format，图形交换格式）格式是由 CompuServe 公司开发的图形文件格式，后缀名为".gif"，具有以下特点：

（1）GIF 支持 256 色以内的图像。
（2）GIF 采用无损压缩存储，在不影响图像质量的情况下，可以生成很小的文件。
（3）支持透明色，可以使图像浮现在背景之上。
（4）GIF 文件可以制作动画。

2. JPEG 格式

JPEG（Joint Photographic Experts Group，联合图像专家组）格式由一个软件开发联合会组织制定，后缀名为".jpg"或".jpeg"，是最常用的图像文件格式。具有以下特点：

（1）JPEG 是与平台无关的格式。
（2）JPEG 能够将图像压缩在很小的储存空间。
（3）JPEG 图片以 24 位（bit）颜色存储单个位图，它能展现十分生动的图像。

（4）JPEG 是有损耗压缩，会使原始图片数据质量下降。

3. PNG 格式

PNG（Portable Network Graphic Format，可移植网络图形格式）是一种位图文件（bitmap file）存储格式，其设计目的是试图替代 GIF 和 TIFF 文件格式，同时增加一些 GIF 文件格式所不具备的特性，后缀名为".png"。它具有以下特点：

（1）无损压缩。PNG 文件采用 LZ77 算法的派生算法进行压缩，其结果是获得高的压缩比，不损失数据。

（2）体积小，网络传输速度快。PNG 图像在浏览器上采用流式浏览，首先在完全下载之前给浏览者提供一个基本的图像内容，然后再逐渐清晰起来，这个特性很适合于在通信过程中显示和生成图像。

（3）支持透明效果。PNG 可以为原图像定义 256 个透明层次，使彩色图像的边缘能与任何背景平滑融合，从而彻底消除锯齿边缘。

4. WebP 格式

WebP 格式是由谷歌（Google）开发的一种旨在加快图片加载速度的图片格式。这种格式的主要优势在于高效率，后缀名为".webp"。它具有以下特点：

（1）支持有损和无损压缩，并且可以合并有损和无损图片帧。

（2）体积更小，在质量相同的情况下，WebP 格式图像的体积要比 JPEG 格式图像小 40%。

（3）颜色更丰富，支持 24bit 的 RGB 颜色以及 8bit 的 Alpha 透明通道（而 GIF 只支持 8bit RGB 颜色以及 1bit 的透明通道）。

（4）添加了关键帧、meta data 等数据。

简言之，在网页中小图片或网页基本元素如图标、按钮采用 GIF 或 PNG 格式，类似照片、Banner 的图像则考虑 JPEG 和 WebP 格式。

2.3.2 图像标记

在网页中显示图像时，要使用图像标记 <img>，其基本格式如下：

<img src = 图像 url>

格式中 src（source 来源）属性用于指定图像文件的路径和文件名，它是 <img> 标记的必要属性。

要想在网页中灵活应用图像，仅靠 src 属性是不够的，HTML 还为 img 标记提供了很多其他属性，如表 2-3 所示。

表 2-3　HTML 中 <img> 标记的属性

属性	属性值	说明
src	url	图像的路径
width	像素/百分比	设置图像的宽度
height	像素/百分比	设置图像的高度
border	数字	设置图像边框的宽度

续表

属性	属性值	说明
vspace	数字	设置图像顶部和底部的空白
hspace	数字	设置图像左侧和右侧的空白
alt	文本	图像不能显示时的替换文本
title	文本	鼠标悬停时显示的文本内容
align	left	图像对齐到左边
	middle	图像的水平中线与文本的第一行对齐，其他文字居下方
	right	图像对齐到右边
	top	图像的顶端与文本的第一行对齐，其他文字居下方
	bottom	图像的底端与文本的第一行对齐，其他文字居下方

（注：HTML5 中不推荐使用 border、vspace、hspace、align，建议采用 CSS 样式替代。）

如例 2-15.html，设置图像的属性。

例 2-15.html

```
<!doctype html>
<html>
<head>
<title>图像标记</title>
</head>
<body>
gif 图像默认：<img src=img/1.gif>
设置 gif 图像宽度和高度为100像素<img src=img/1.gif width=100px height=100px><br>
设置 gif 图像 title 属性：<img src="img/1.gif" title="小小格斗">
设置 gif 图像边框：<img src="img/1.gif" border=2>
</body>
</html>
```

运行例 2-15.html，效果如图 2-20 所示。

如例 2-16.html，设置图像对齐方式和两侧空白。

例 2-16.html

```
<!doctype html>
<html>
<head>
<title>图像标记</title>
</head>
<body>
<font size=2>
```

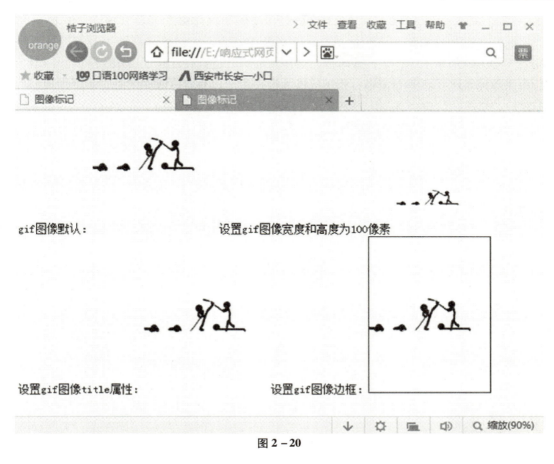

图 2-20

```
<!-- 默认对齐 -->
<img src=img/2.jpg width=80px height=80px>
```
  大樱桃是中国北方落叶果树中继中国樱桃之后果实成熟最早的果树树种。因此，早有"春果第一枝"的美誉。中医药学认为，大樱桃具有调中补气，祛风湿的功能。大樱桃管理用工少，生产成本低，经济效益高，适宜在辽宁、山东、陕西、河南、河北、贵州等地栽培。农业专家称：积极发展大樱桃生产，有着广阔的前景。

```
<hr>
<!-- 图像左对齐  左右两侧间隔2像素 -->
<img src=img/2.jpg align=left width=80px height=80px hspace=2px>
```
  大樱桃是中国北方落叶果树中继中国樱桃之后果实成熟最早的果树树种。因此，早有"春果第一枝"的美誉。中医药学认为，大樱桃具有调中补气，祛风湿的功能。大樱桃管理用工少，生产成本低，经济效益高，适宜在辽宁、山东、陕西、河南、河北、贵州等地栽培。农业专家称：积极发展大樱桃生产，有着广阔的前景。

```
<hr>
<!-- 图像右对齐 -->
<img src=img/2.jpg align=right width=80px height=80px>
```

  大樱桃是中国北方落叶果树中继中国樱桃之后果实成熟最早的果树树种。因此，早有"春果第一枝"的美誉。中医药学认为，大樱桃具有调中补气，祛风湿的功能。大樱桃管理用工少，生产成本低，经济效益高，适宜在辽宁、山东、陕西、河南、河北、贵州等地栽培。农业专家称：积极发展大樱桃生产，有着广阔的前景。

```
<hr>
<!-- 图像顶对齐   上下两侧间隔2像素   边框为1px -->
<img src=img/3.png align=middle width=100px height=100px border=1px vspace=2px>
```

  香蕉含有的维生素A能增强对疾病的抵抗力，维持正常的生殖力和视力所需要；硫胺素能抗脚气病，促进食欲、助消化，保护神经系统；核黄素能促进人体正常生长和发育。香蕉容易消化、吸收，从小孩到老年人都能安心地食用，并补给均衡的营养。

```
</font>
</body>
</html>
```

运行例2-16.html，效果如图2-21所示。

图2-21

2.3.3 超链接

万维网（Web）的核心就是超链接，Web 上的网页是互相链接的，单击被称为超链接的文本或图像就可以链接到其他页面。

超链接是指当鼠标单击一些文字、图片或其他网页元素时，浏览器会根据其指示跳转到另一个页面或页面的其他位置，其基本格式如下：

<a href=URL target=目标窗口的弹出方式>文本或图像</a>

用<a>作为链接标记，是源于英文中的 anchor（锚点）。href 属性用于指定链接的目标。URL（Uniform Resource Locator）通常被翻译为"统一资源定位器"或称为"网址"，它用于指定 Internet 上的资源位置。

URL 由四部分组成，即协议、主机名、文件夹名、文件名，如图 2-22 所示。

图 2-22

http：// 为协议名，表示超文本传输协议，用来实现访问 Web 服务的协议，文件上传下载链接为 ftp：//、E-mail 链接为 mailto：//。

www.sxitu.com 为主机名，表示文件存放于哪台服务器，主机名可以是 IP 地址。

news 为文件夹名，表明文件存放于这个服务器的哪个文件夹中，文件夹可以是多个层级。

index.html 为文件名，表明要显示的文件，可以是静态网页或动态网页文件。

URL 按链接路径的不同，可以分为绝对路径、相对路径和空链接。

1. 绝对路径

绝对路径是完全路径，是指文件或目录在磁盘上的真正路径，具有唯一性。通常不推荐使用，因为文件一旦被移动，就需要重新设置所有相关链接。例如：

<a href=http://www.baidu.com>百度</a>
<a href=file:///d:/book/2/2-15.html>GIF 样例</a>

2. 相对路径

相对路径是以当前文件为起点的当前文件与目标文件之间的简化路径。这种链接非常适合作为本网站的内部链接，只要处于站点文件夹内，都可以自由地在文件之间建立链接。例如：

<a href=2-16.html>JPG 样例</a>
<a href=img/2.jpg>JPG 图像</a>

3. 空链接

空链接是指光标指向链接后变成手形，但单击链接后，仍停留在当前页面。其格式为：

<a href="#">文本或图像</a>

target 属性用来指定链接的目标窗口，target 属性的取值如表 2-4 所示。

表2-4 target属性的取值

属性值	说明
_self	在当前窗口中打开链接文档（默认）
_blank	在新窗口中打开链接文档
_parent	在父框架中打开链接文档
_top	在顶层框架中打开链接文档

如例2-17.html，实现超链接。

例2-17.html

```
<!doctype html>
<html>
<head>
<title>超链接</title>
</head>
<body>
<!-- 绝对URL -->
单击<a href="http://www.baidu.com">百度</a>链接到百度网站首页<br>
<!-- 相对URL -->
单击<a href=2-16.html>JPG样例</a>链接到相同文件夹中的2-16.html文件<br>
单击<a href=img/2.jpg>樱桃</a>链接到同级img文件夹中的2.jpg文件<br>
<!-- 图像超链接 -->
单击图像<a href=2-16.html><img src=img/2.jpg width=50px hight=50px></a>链接到2-16.html文件</a>
</body>
</html>
```

运行例2-17.html，效果如图2-23所示。

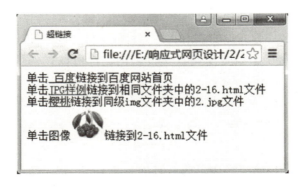

图2-23

2.4 列　　表

为了使网页结构清晰，容易阅读，经常使用列表来排列各类数据。HTML 提供了三种常用的列表：无序列表、有序列表和定义列表。

2.4.1　无序列表 ul

无序列表是网页中最常用的列表，因为各列表项之间没有顺序之分，所以称为"无序列表"，在每个列表项前，以项目符号作为分项标识，默认情况下，无序列表的项目符号是实心圆（●）。其基本格式如下：

```
<ul type=属性值>
    <li>列表项1</li>
    <li>列表项2</li>
    ……
</ul>
```

其中，<ul>和</ul>标记用于定义无序列表；<li>和</li>标记用于描述列表项，包含在<ul>和</ul>中。type 属性表示项目符号的类型，其值可以取 disc（实心圆 ●）、circle（空心圆 ○）或 square（方块■）。

如例 2 – 18.html，实现无序列表。

例 2 – 18.html

```
<!doctype html>
<html>
<head>
<title>无序列表</title>
</head>
<body>
<h3>前端技术</h3>
<ul>
<li>HTML</li>
<li>CSS</li>
<li>JavaScript</li>
</ul>
<h3>后台技术</h3>
<ul type="circle">
<li>ASPX</li>
<litype="disc">PHP</li>
<litype="square">JSP</li>
</ul>
</body>
```

```
</html>
```
运行例2-18.html，效果如图2-24所示。

图2-24

第一个列表<ul>采用默认列表项，所以为实心圆；第二个列表<ul>项目符号采用circle（空心圆），因此ASPX列表项符号为空心圆；PHP列表项符号定义为实心圆；JSP列表项符号定义为方块。

2.4.2 有序列表 ol

有序列表表示有排列顺序的列表，各列表项使用数字或字母编号按先后顺序排列，默认情况下，采用数字序号，起始值为1。其基本格式如下：

```
<ol type=1/a/A/i/I start=n>
    <li>列表项1</li>
    <li>列表项2</li>
    ……
</ol>
```

其中，<ol>和</ol>标记用于定义有序列表；<li>和</li>标记用于描述列表项，被包含在<ol>和</ol>中。type属性表示项目符号的类型，可以取值 为1（decimal）、a（lower-alpha）、A（upper-alpha）、i（lower-roman）、I（upper-roman）。start属性表示项目符号的起始值。

如例2-19.html，实现有序列表。

例2-19.html

```
<!doctype html>
<html>
<head>
<title>有序列表</title>
```

```
</head>
<body>
<h3>赚钱的层次</h3>
<ol>
<li>能干什么就干什么。</li>
<li>什么赚钱做什么。</li>
<li>想干什么干什么。</li>
<li>干什么成什么。</li>
</ol>
<h3>幸福的标准</h3>
<ol type="A" start="3">
<li>心里有想着的人。</li>
<li>眼中有要做的事。</li>
<li value="10">手里有要做的活。</li>
<li>脸上有自然的笑。</li>
</ol>
</body>
</html>
```

运行例 2-19.html,效果如图 2-25 所示。

图 2-25

第一个列表 <ol> 采用默认列表项,所以项目符号显示为 1、2、3、4;第二个列表 <ol> 采用大写字母,并且起始值定义为第三个,所以"心里有想着的人。"的项目符号为 C,"手里有要做的活。"列表项的 value 值定义为 10,规定项目符号为第 10 个大写字母 J。

2.4.3 定义列表 dl

定义列表通常用于解释名词，通常由 <dt>、<dd> 两部分组成，<dt> 和 </dt> 标记用来指定需要解释的名词，<dd> 和 </dd> 标记用来对指定的名词进行具体的说明。定义列表的列表项前没有任何项目符号。其基本格式如下：

```
<dl>
<dt>名词1</dt>
<dd>名词解释1</dd>
……
</dl>
```

如例 2-20.html，实现定义列表。

例 2-20.html

```
<!doctype html>
<html>
<head>
<title>定义列表</title>
</head>
<body>
<dl>
<dt>静态网页</dt>
<dd>静态网页是相对于动态网页而言，是指没有后台数据库、不含程序和不可交互的网页。</dd>
<dd>静态网页是标准的 HTML 文件，它的文件扩展名是.htm、.html,可以包含文本、图像、声音、FLASH 动画、客户端脚本和 ActiveX 控件及 JAVA 小程序等。</dd>
<dt>动态网页</dt>
<dd>动态网页是指网页内容可根据不同情况动态变更的网页，一般情况下动态网页通过数据库进行架构，以 php,jsp,aspx 为后缀。</dd>
<dd>动态网页并不是指具有动画的网页。</dd>
</dl>
</body>
</html>
```

运行例 2-20.html，效果如图 2-26 所示。

2.4.4 列表嵌套

我们经常对事物进行分类，这些分类还可以包含其子类，同样，在使用列表时，列表项中也可能包含若干子列表项。列表嵌套是指列表中还有列表，将一个列表标记完全包含在另一个列表标记内，形成一种父子级的关系。

如例 2-21.html，实现列表嵌套。

第 2 章　HTML 基础

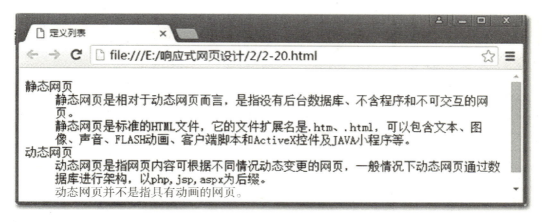

图 2-26

例 2-21.html
```
<!doctype html>
<html>
<head>
<title>定义列表</title>
</head>
<body>
<h3>户外运动</h3>
<ol>
<li>户外野营</li>
<ul>
<li>登山鞋</li>
<li>冲锋衣</li>
<li>羽绒服</li>
</ul>
<li>骑行装备</li>
<ul type="disc">
<li>山地车</li>
<li>平衡车</li>
<li>折叠车</li>
</ul>
</ol>
</body>
</html>
```
运行例 2-21.html，效果如图 2-27 所示。

图 2-27

2.5 表　　格

在日常生活中我们经常用表格对数据或信息进行统计,同样,在制作网页时,为了使网页中的元素有条理地显示,也可以使用表格进行网页规划。HTML 提供了一系列表格标记。

2.5.1　表格基本标记

表格由行、列组成,行列交汇形成单元格,每行由一个或多个单元格组成。单元格是表格中输入信息的地方。表格的基本格式如下:

```
<table>
<tr>
<td>单元格</td>
   <td>单元格</td>
    ……
</tr>
   ……
</table>
```

其中,<table>和</table>分别表示表格的开始和结束,<tr>和</tr>分别表示行的开始和结束,表格中有几组<tr>和</tr>,就表示该表格中有几行,<td>和</td>分别表示单元格的开始和结束,每行中有几组<td>和</td>,就表示该行有几个单元格。

如例 2-22.html,实现基本表格。

例 2-22.html

`<!doctype html>`

```html
<html>
<head>
<title>基本表格</title>
</head>
<body>
<table border="1">
<tr>
<td>目的地</td>
<td>时间</td>
<td>价格</td>
<td>交通工具</td>
</tr>
<tr>
<td>新马泰</td>
<td>4晚5日</td>
<td>3299</td>
<td>双飞</td>
</tr>
<tr>
<td>东京大阪</td>
<td>6日</td>
<td>5999</td>
<td>双飞</td>
</tr>
<tr>
<td>海南三亚</td>
<td>6日</td>
<td>3000</td>
<td>双飞</td>
</tr>
</table>
</body>
</html>
```

运行例2-22.html，效果如图2-28所示。

这是一个四行四列的表格，border属性设置表格边框线的宽度，设置为1px，如果设置为0，则如图2-29所示。

图 2-28

图 2-29

2.5.2 标题单元格

标题单元格是一种特殊的单元格,俗称"表头",一般位于表格的第一行或第一列,用 < th > 和 </ th > 标记来表示。通常浏览器会以居中和加粗来显示 < th > 标记中的内容。

如例 2-23. html,为具有表头的表格。

例 2-23. html

```
< !doctype html >
< html >
< head >
< title >具有表头的表格</ title >
</ head >
< body >
< table border = "1" >
< tr >
< th >目的地</ th >
```

```
<th>时间</th>
<th>价格</th>
<th>交通工具</th>
</tr>
<tr>
<td>新马泰</td>
<td>4晚5日</td>
<td>3299</td>
<td>双飞</td>
</tr>
<tr>
<td>东京大阪</td>
<td>6日</td>
<td>5999</td>
<td>双飞</td>
</tr>
<tr>
<td>海南三亚</td>
<td>6日</td>
<td>3000</td>
<td>双飞</td>
</tr>
</table>
</body>
</html>
```

运行例2-23.html,效果如图2-30所示。

图2-30

2.5.3 表格标题

表格标题一般用于指定表格的主题,通常居中显示在表格上方,用 <caption> 和 </caption> 标记指定。

如例 2-24.html,为具有表格标题的表格。

例 2-24.html

```html
<!doctype html>
<html>
<head>
<title>具有表格标题的表格</title>
</head>
<body>
<table border="1">
<caption>旅游报价单</caption>
<tr>
<th>目的地</th>
<th>时间</th>
<th>价格</th>
<th>交通工具</th>
</tr>
<tr>
<td>新马泰</td>
<td>4晚5日</td>
<td>3299</td>
<td>双飞</td>
</tr>
<tr>
<td>东京大阪</td>
<td>6日</td>
<td>5999</td>
<td>双飞</td>
</tr>
<tr>
<td>海南三亚</td>
<td>6日</td>
<td>3000</td>
<td>双飞</td>
</tr>
</table>
```

</body >
</html >
运行例 2-24. html, 效果如图 2-31 所示。

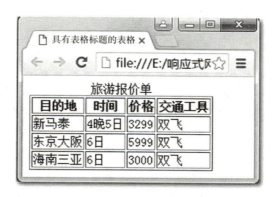

图 2-31

2.5.4 单元格合并

单元格合并是指一个单元格在垂直或水平方向占据多列或多行,单元列合并由单元格的 colspan 属性实现,单元行合并由单元格的 rowspan 属性实现。

1. 列合并 colspan

colspan 的作用是指定单元格横向跨越的列数。其基本格式如下:
< td colspan = "单元格跨列数" >……</ td >
如例 2-25. html,为列合并的表格。
例 2-25. html
< !doctype html >
< html >
< head >
< title >列合并的表格 </ title >
</ head >
< body >
< table border = "1" width = "200px" >
< tr >
< td colspan = "2" >学生成绩 </ td >
</ tr >
< tr >
< td >网页设计 </ td >
< td >89 </ td >

```
</tr>
<tr>
<td>Java</td>
<td>85</td>
</tr>
</table>
</body>
</html>
```
运行例 2 – 25. html，效果如图 2 – 32 所示。

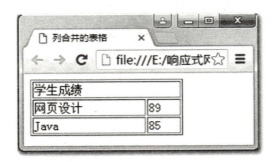

图 2 – 32

2. 行合并 rowspan

rowspan 的作用是指定单元格纵向跨越的行数。其基本格式如下：
```
<td rowspan = "单元格跨行数">……</td>
```
如例 2 – 26. html，为行列合并的表格。

例 2 – 26. html
```
<!doctype html>
<html>
<head>
<title>行列合并的表格</title>
</head>
<body>
<table border = "1" width = "200px">
<tr>
<th colspan = "3">学生成绩</th>
</tr>
<tr>
<td rowspan = "2">张三</td>
<td>网页设计</td>
```

```
<td>89</td>
</tr>
<tr>
<td>Java</td>
<td>85</td>
</tr>
<tr>
<td rowspan="2">李四</td>
<td>网页设计</td>
<td>85</td>
</tr>
<tr>
<td>Java</td>
<td>80</td>
</tr>
</table>
</body>
</html>
```

运行例 2-26.html，效果如图 2-33 所示。

图 2-33

2.5.5 表格属性

大多数 HTML 标记都具有相应的属性，同样表格标记也具有一系列属性，用于控制表格的显示样式，如表 2-5、表 2-6 所示。

表 2-5 <table>标记常用属性

属性名	属性值	作用
border	像素值（默认为 0）	表格的边框线宽度
width	像素值或百分比	表格的宽度
height	像素值或百分比	表格的高度
align	left/center/right	表格在网页中的水平对齐方式
bgcolor	#RGB	表格的背景颜色
background	url	表格的背景图像
cellspacing	像素值（默认为 2）	单元格与单元格之间的空白间距（单元格间距）
cellpadding	像素值（默认为 1）	单元格内容与单元格边框的空白间距（单元格间距）

表 2-6 <tr>和<td>标记常用属性

属性名	属性值	作用
width	像素值	单元格宽度
height	像素值	行或单元格的高度
align	left/center/right	行或单元格的水平对齐方式
valign	top/ middle/ bottom	行或单元格的垂直对齐方式
bgcolor	#RGB	行或单元格背景颜色
background	url	行或单元格背景图像
colspan	数字	列合并
rowspan	数字	行合并

如例 2-27. html，为细线表格的实现。

例 2-27. html

```
<!doctype html>
<html>
<head>
<title>细线表格</title>
</head>
<body>
<table width="300px" align="center" bgcolor="#000" cellspacing="1px">
<tr bgcolor="#999" align="center" height="50px">
<td colspan="3">学生成绩</td>
</tr>
<tr bgcolor="#fff" align="center">
<td rowspan="2">张三</td>
```

```
<td>网页设计</td>
<td>89</td>
</tr>
<tr bgcolor="#fff" align="center">
<td>Java</td>
<td>85</td>
</tr>
<tr bgcolor="#fff" align="center">
<td rowspan="2">李四</td>
<td>网页设计</td>
<td>85</td>
</tr>
<tr bgcolor="#fff" align="center">
<td>Java</td>
<td>80</td>
</tr>
</table>
</body>
</html>
```

运行例 2-27.html，效果如图 2-34 所示。

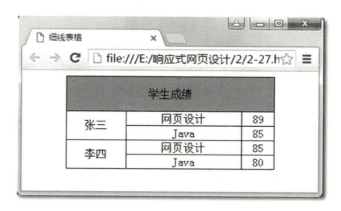

图 2-34

2.6 表　　单

表单是网页上用于输入信息的区域，它的主要功能是收集用户信息，并将这些信息传递给后台服务器，实现网页与用户的沟通。

2.6.1 创建表单

在 HTML 中,<form>和</form>标记用于定义表单域,即创建一个表单,以实现用户信息的收集和传递。其基本格式如下:

<form name = "表单名称" action = "url" method = "提交方式" id = "id 名">
 各种表单控件
</form>

<form>和</form>标记分别表示表单的开始和结束,各种表单控件由用户自定义,name、action、method 和 id 为表单标记<form>的常用属性。

1. name、id

name、id 属性用于指定表单的名称、ID,以区分同一页面中的多个表单。

2. action

表单收集信息后,需要将信息传递给服务器进行处理,action 属性用于指定接收并处理表单数据的服务器程序的 url 地址。例如:

<form action = register.php>

表示当提交表单时,表单数据传送到 register.php 的页面去处理。

3. method

method 属性用于设置表单数据的提交方式,其取值为 get 或 post,默认为 get,这种方式提交的数据将显示在浏览器的地址栏中,保密性差,且有数据量的限制,而 post 方法的保密性好,没有数据量的限制。

2.6.2 表单控件

HTML 提供了一系列表单控件,用于定义不同的表单功能,如文本框、密码框、单选框、复选框等。

1. input 控件

input 标记可以用来生成一个供用户输入数据的简单文本框。通过设置不同的属性值,可以限制输入的数据,如表 2 - 7 所示。

表 2 - 7 input 标记的各种属性

属性名称	作用
text	单行文本框,默认
password	密码框
radio、checkbox	单选框、复选框
submit、reset、button	提交按钮、重置按钮、普通按钮
number、range	数值框、一定范围的数值框
date、month、time、week、datetime	获取日期和时间
email、tel、url	生成一个检测的电子邮件、电话号码、url 框

1）单行文本框

`<input type="text">`

文本框以单行的形式显示在页面中，在文本框中可以输入数字、文本和字母等，还提供一些额外的属性，如表2-8所示。

表2-8 文本框的其他属性

属性名	属性值	说明
name	用户定义	定义文本框的名称
value	用户定义	定义文本框的初始值
size	数值	定义文本框在页面中显示的宽度
maxlength	数值	定义允许输入的最多字符数
readonly	readonly	文本框处于只读状态
disabled	disabled	文本框处理禁用状态（显示为灰色）
required	required	用户必须输入一个值，否则无法通过输入验证
placeholder	用户自定义	输入字符的提示
pattern	用户自定义	用于输入验证的正则表达式

如例2-28.html，为文本框控件。

例2-28.html

```
<!doctype html>
<html>
<head>
<title>文本框控件</title>
</head>
<body>
<form>
用户名:<input type="text">默认<br>
用户名:<input type="text" size=10>size=10<br>
用户名:<input type="text" value="张三">value="张三"<br>
用户名:<input type="text" readonly>readonly<br>
用户名:<input type="text" disabled>disabled<br>
用户名:<input type="text" placeholder="请输入用户名">placeholder="请输入用户名"<br>
</form>
</body>
</html>
```

运行例2-28.html，效果如图2-35所示。

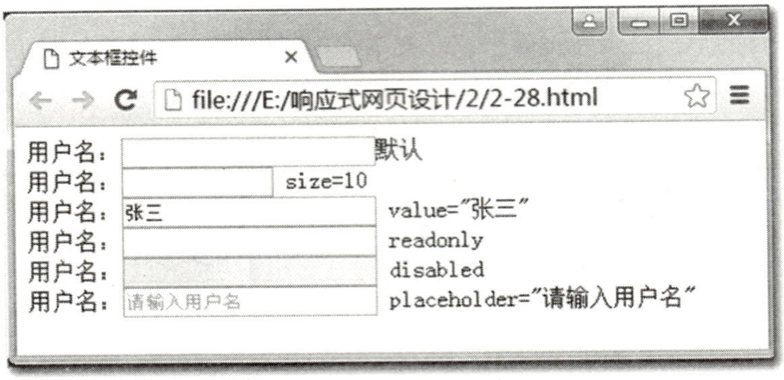

图 2 – 35

2）密码框

< input type = "password" >

当 type 值为 password 时，一般用于密码框的输入，所有的字符都会显示星号。其他额外属性与文本框一致。

3）单选框

< input type = radio >

单选框用于单项选择，如性别、婚否等，需要注意的是，在定义单选框时，必须为同一组中的选项指定相同的 name 值，否则达不到多选一的效果，而是一选一。value 属性用于设置初始值，checked 属性设置时表明单选框已被选择。

如例 2 – 29. html，实现单选框。

例 2 – 29. html

```
< !doctype html >
< html >
< head >
< title >单选框控件 </title >
</head >
< body >
< form >
    用户名：< input name = user type = "text" > < br >
    密码：< input name = pwd type = "password" > < br >
    性别：< input name = xb type = "radio" value = "man" checked >男
         < input name = xb type = "radio" value = "woman" >女 < br >
    婚否：< input name = hf type = "radio" value = "yes" >已婚
         < input name = hf type = "radio"value = "no" >未婚 < br >
</form >
</body >
```

```
</html>
```
运行例 2-29.html，效果如图 2-36 所示。

图 2-36

4）复选框

`<input type=checkbox>`

复选框用于在一组提供的选项中选择一个或多个甚至全部选项。其他属性同单选框。如例 2-30.html，实现复选框。

例 2-30.html

```
<!doctype html>
<html>
<head>
<title>复选框控件</title>
</head>
<body>
<form>
    用户名：<input name=user type="text"> <br>
    密码：<input name=pwd type="password"> <br>
    性别：<input name=xb type="radio" value="man" checked>男
        <input name=xb type="radio" value="woman">女 <br>
    婚否：<input name=hf type="radio" value="yes">已婚
        <input name=hf type="radio" value="no">未婚 <br>
    爱好：<input name=ah type="checkbox" value="read">读书
        <input name=ah type="checkbox" value="music">唱歌
        <input name=ah type="checkbox" value="sport">运动
        <br>
    技术：<input name=tech type="checkbox" value="html" checked>HTML5
        <input name=tech type="checkbox" value="css">CSS3
        <input name=tech type="checkbox" value="jQuery">
```

```
            jQuery<br>
    </form>
    </body>
</html>
```
运行例 2-30.html，效果如图 2-37 所示。

图 2-37

5）提交按钮、重置按钮和普通按钮

`<input type=submit>`

`<input type=reset>`

`<input type=button>`

提交按钮是表单中的核心控件，用户值进行输入信息后，一般都需要单击提交按钮才能完成表单数据的提交。可以对其 value 属性值进行设置，用于改变提交按钮上的默认文本。

当用户输入的信息有误时，可单击重置按钮取消已输入的所有表单信息。可以对其 value 属性值进行设置，用于改变提交按钮上的默认文本。

普通按钮通常配合 JavaScript 脚本语言使用。

如例 2-31.html，实现提交控件。

例 2-31.html

```
<!doctype html>
<html>
<head>
<title>提交控件</title>
</head>
<body>
<form>
        用户名:<input name=user type="text"><br>
        密码:<input name=pwd type="password"><br>
        性别:<input name=xb type="radio" value="man" checked>男
            <input name=xb type="radio" value="woman">女<br>
```

婚否：< input name = hf type = "radio" value = "yes" > 已婚
　　　< input name = hf type = "radio" value = "no" > 未婚 < br >
爱好：< input name = ah type = "checkbox" value = "read" > 读书
　　　< input name = ah type = "checkbox" value = "music" > 唱歌
　　　< input name = ah type = "checkbox" value = "sport" >运动 < br >
技术：< input name = tech type = "checkbox" value = "html" checked >
　　　HTML5
　　　< input name = tech type = "checkbox" value = "css" >CSS3
　　　< input name = tech type = " checkbox" value = " jQuery" >
　　　jQuery < br >
　　　< input type = "submit" value = "提交" >
　　　< input type = "reset" value = "取消" >
　　　< input type = "button" value = "普通按钮" >
</form >
</body >
</html >
```
运行例 2 - 31. html，效果如图 2 - 38 所示。

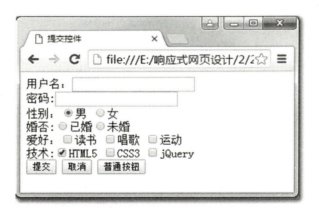

图 2 - 38

6）数值框

< input type = number >

< input type = range >

只能输入数字的文本框，不同浏览器可能显示方式不同。其他属性如表 2 - 9 所示。
```

表2-9 数值框的其他属性

属性名称	属性值	说明
min	数值	可接受的最小值
max	数值	可接受的最大值
step	数值	步长
value	数值	初始值
readonly	readonly	只读
required	required	用户必须输入一个值，否则无法通过输入验证

如例2-32.html，为数值控件。

例2-32.html

```
<!doctype html>
<html>
<head>
<title>数值控件</title>
</head>
<body>
<form>
<input type="number"><br>
<input type="number" min="10" max="100" step="2"><br>
<input type="range"><br>
<input type="range" min="10" max="100" step="2" value="20">
</form>
</body>
</html>
```

运行例2-32.html，效果如图2-39所示。

图2-39

7）date系列

```
<input type=date>
<input type=time>
```

```
<input type=month>
<input type=week>
<input type=datetime-local>
```
date 系列类型可获取系统的日期、月份、周数和时间，目前仅 Chrome 和 Opera 浏览器支持。如例 2-33.html，实现 date 系列控件。

例 2-33.html
```
<!doctype html>
<html>
<head>
<title>日期控件</title>
</head>
<body>
<form>
<input type="date"><br>
<input type="month"><br>
<input type="time"><br>
<input type="datetime-local"><br>
<input type="week"><br>
</form>
</body>
</html>
```
运行例 2-33.html，效果如图 2-40 所示。

图 2-40

8) url、email 和 tel
```
<input type=url>
<input type=email>
<input type=tel>
```

url、email 和 tel 分别表示文本框只能输入网址格式、电子邮件和电话号码，某些浏览器不支持，其他属性同 text 类型。

如例 2-34.html，实现 url、email 和 tel。

例 2-34.html

```
<!doctype html>
<html>
<head>
<title>url、email 和 tel 控件</title>
</head>
<body>
<form>
url:<input type=url size="20" required><br>
email:<input type="email" size="15" required><br>
tel:<input type="tel" size="11"><br>
<input type="submit" value="提交">
</form>
</body>
</html>
```

运行例 2-34.html，效果如图 2-41 所示。

图 2-41

2. 多行文本框 textarea

HTML提供了一个可输入多行的文本框，它既可以用于数据的输入，又可用于数据的显示。其基本格式如下：

<textarea name = "name" id = "idname" rows = "number" cols = "number" readonly>文本框中显示的内容
</textarea>

name、id属性分别用来表示textarea的名称、ID；rows属性用来设置文本框的行数，文本框不能完全容纳数据时，浏览器自动显示滚动条；cols属性用于设置文本框每行的字符数；readonly属性用于设置文本框为只读，不能编辑。

如例2-35.html，实现textarea控件。

例2-35.html

```
<!doctype html>
<html>
<head>
<title>textarea控件</title>
</head>
<form>
主题:<input name = zt><br>
留言:<br>
<textarea name = ly rows = "4" cols = "30">请留下您的建议</textarea><br>
<input type = "submit" value = "发送"><input type = "reset" value = "取消">
</form>
</body>
</html>
```

运行例2-35.html，效果如图2-42所示。

图2-42

3. 下拉列表

HTML 提供了具有选择功能的标记 <select>，允许用户在多个选项中选择一个或多个选项，提高了窗口的利用率。其基本格式如下：

```
<select name="name" id="idname" size="number" multiple disabled>
<option>选项一</option>
<option>选项二</option>
......
</select>
```

其中，name、id 属性分别用来表示名称、ID；size 属性用于设置显示列表项的个数，默认为 1，大于 1 时，显示为滚动列表或菜单；multiple 属性用于设置用户是否可选择多个选项；disabled 属性用于设置禁用该控件。

<option> 标记用来定义列表项，只能用在 <select> 标记内部，其基本格式如下：

```
<option value="string" selected disabled>选项</option>
```

其中，value 属性是列表选项的属性值，当选择该列表项时，则表单提交它的值；selected 属性用于指定该选项被选取，默认为选第一项；disabled 属性用于禁用该选项。

如例 2-36.html，实现 select 控件。

例 2-36.html

```
<!doctype html>
<html>
<head>
<title>select 控件</title>
</head>
<form>
城市：
<select name="city">
<option value="beijing">北京</option>
<option value="shanghai">上海</option>
<option value="guangzhou">广州</option>
</select>
</form>
</body>
</html>
```

运行例 2-36.html，效果如图 2-43 所示，分别表示下拉菜单和下拉菜单的选择列表。

当下拉菜单中的选项较多时，可以通过 <optgroup> 和 </optgroup> 标记对下拉菜单中的选项进行分组，以方便用户选择。

如例 2-37.html，实现 optgroup 标记。

例 2-37.html

```
<!doctype html>
<html>
```

图 2-43

```
<head>
<title>select 控件 2</title>
</head>
<body>
<form>
城市：
<select name = "city">
<optgroup label = "陕西">
<option value = "xi'an">西安</option>
<option value = "weinan">渭南</option>
<option value = "baoji">宝鸡</option>
<option value = "yan,an">延安</option>
</optgroup>
<optgroup label = "甘肃">
<option value = "lanzhou">兰州</option>
<option value = "tianshui">天水</option>
<option value = "jiuquan">酒泉</option>
</optgroup>
</select>
</form>
</body>
</html>
```

运行例 2-37. html，效果如图 2-44 所示，分别表示下拉菜单和下拉菜单的选择列表。

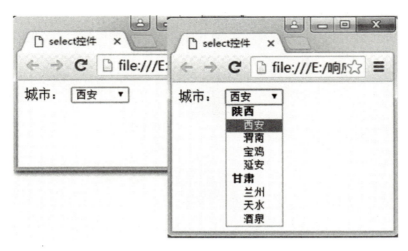

图 2-44

4. 表单内容分组

表单中可以包含很多信息，要高效地处理表单信息，就需要将表单中的内容进行分组。在表单中使用 <fieldset> 和 </fieldset> 标记对表单内容进行分组，使用 <legend> 和 </legend> 标记对各表单组定义名称。其基本格式如下：

```
<fieldset>
<legend>分组名称</legend>
分组内容
</fieldset>
```

如例 2-38.html，实现 fieldset 控件。

例 2-38.html

```
<!doctype html>
<html>
<head>
<title>fieldset 控件</title>
</head>
<body>
<fieldset>
<legend>163 免费邮箱</legend>
<input type="text" placeholder="账号或手机号">@163.com<br>
<input type="password" placeholder="密码"><br>
<input type="submit" value="登录">
</fieldset>
<fieldset>
<legend>126 免费邮箱</legend>
```

```
<input type = "text" placeholder = "账号或手机号" >@ 126.com <br >
<input type = "password" placeholder = "密码" > <br >
<input type = "submit" value = "登录" >
</fieldset >
</body >
</html >
```

运行例 2 – 38. html, 效果如图 2 – 45 所示。

图 2 – 45

习题与实践

一、选择题

1. 在 HTML 中，下面哪项不属于 HTML 文档的基本组成部分？（　　）
　　A. <style ></style >　　　　　　B. <body ></body >
　　C. <html ></html >　　　　　　D. <head ></head >

2. 在 HTML 中，哪种标签在标记的位置强制换行？（　　）
　　A. <h1 >　　B. <p >　　C.
　　D. <hr >

3. 在 HTML 中，（　　）可以在网页上通过链接直接打开客户端的邮件发送工具发送电子邮件。
　　A. <a href = "telnet:zhangming@ aptech.com" >发送反馈信息 </a >
　　B. <a href = "mail:zhangming@ aptech.com" >发送反馈信息 </a >
　　C. <a href = "ftp:zhangming@ aptech.com" >发送反馈信息 </a >
　　D. <a href = "mailto:zhangming@ aptech.com" >发送反馈信息 </a >

4. 分析下面的 HTML 代码片段, 选项中说法错误的是（　　）。
```
<table border = "2" bordercolor = "yellow"cellspacing = "0"cellpadding = "5" >
```

```
<tr bgcolor="red">
<td colspan="2">书籍</td>
<td colspan="3">音像</td>
</tr>
<tr>
<td>图书</td><td>杂志</td><td>磁带</td><td>CD</td><td>DVD</td>
</tr>
</table>
```

  A. 表格共 5 列,"书籍"跨 2 列,"音像"跨 3 列

  B. 表格的背景颜色为 yellow

  C. "书籍"和"音像"所在行的背景色为 red

  D. 表格中文字与边框距离为 0,表格内宽度为 5

5. 想要使用户在单击超链接时,弹出一个新的网页窗口,代码是(　　)。

  A. `<a href="right.html" target="_blank">新闻</a>`

  B. `<a href="right.html" target="_parent">新闻</a>`

  C. `<a href="right.html" target="_top">新闻</a>`

  D. `<a href="right.html" target="_self">新闻</a>`

6. 希望图片的背景透明的时候,应该使用的图像格式是(　　)。

  A. JPG   B. PCX   C. BMP   D. GIF

7. `<img src="name" align="left">`的意思是(　　)。

  A. 图像相对于周围的文本左对齐

  B. 图像相对于周围的文本右对齐

  C. 图像相对于周围的文本底部对齐

  D. 图像相对于周围的文本顶部对齐

8. 如果一个表格有 1 行 4 列,表格的总宽度为"699",间距为"5",填充为"0",边框为"3",每列的宽度相同,那么应将单元格定制为多少像素?(　　)

  A. 126   B. 136   C. 147   D. 167

9. 分析下面的 HTML 代码片段,正确的选项是(　　)。

```
<input type="text" name="textfield">
<input type="radio" name="radio" value="女">
<input type="checkbox" name="checkbox" value="checkbox">
<input type="file" name="file">
```

  A. 上面代码表示的表单元素分别是:文本框、单选按钮、复选框、文件域

  B. 上面代码表示的表单元素分别是:文本框、复选框、单选按钮、文件域

  C. 上面代码表示的表单元素分别是:密码框、多选按钮、复选框、文件域

  D. 上面代码表示的表单元素分别是:文本框、单选按钮、下拉列表框、文件域

10. `<input type=text>`中用于实现输入验证的属性是(　　)

  A. disabled   B. required

C. placeholder   D. pattern

二、实践题

1. 通过 HTML 标记制作如图 2-46 所示的页面。

图 2-46

2. 通过 HTML 标记制作如图 2-47 所示的页面。

图 2-47

3. 通过 HTML 标记制作如图 2-48 所示的页面。
4. 通过 HTML 标记制作如图 2-49 所示的页面。

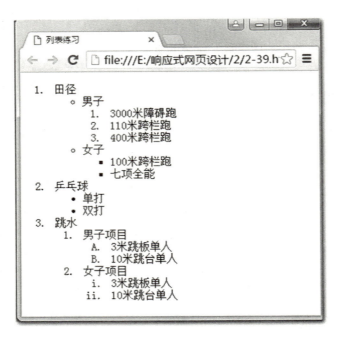

图 2−48

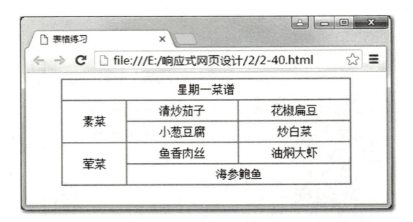

图 2−49

5. 通过 HTML 标记制作如图 2−50 所示的页面。

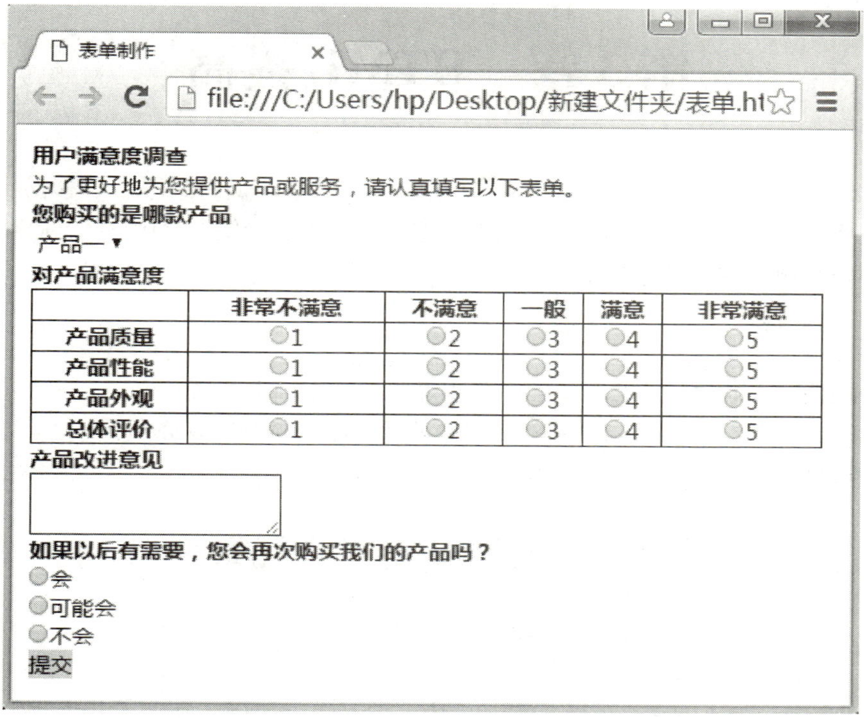

图 2-50

第3章　HTML 提高

随着移动互联网的快速发展，HTML5 新增加许多元素，支持跨平台、移动优先、多媒体技术，这将对移动互联网领域产生巨大的影响。本章主要介绍 HTML5 新增结构元素、audio 和 video 音视频元素以及地理定位功能。

学习目标

- 掌握 HTML5 新增语义化元素，能够书写规范的 HTML 网页；
- 掌握 HTML5 新增 audio 和 video 音视频元素，学会制作多媒体网页；
- 了解 HTML5 地理定位，学会获取地理位置信息。

3.1　HTML5 结构化元素

3.1.1　HTML5 新增结构元素

在 HTML5 中，为了使文档的结构更加清晰、语义更加明确，新增了几个与页眉、页脚、内容区块等文档结构相关联的结构元素，如表 3-1 所示。

表 3-1　HTML5 新增结构元素

标记	说明
header	用来表示整个页面或页面中一个内容区块的头部
footer	用来表示整个页面或页面中一个内容区块的尾部
nav	用来定义导航链接部分
article	用来表示页面或应用程序中可独立发布的重要主题或概念
section	用来表示页面或应用程序中一个一般的区块
aside	用来表示当前页面或文章的附属信息部分或侧边栏
address	用来表示文档或文章的联系信息

一个通用的 HTML5 页面的结构如下：

```
<!doctype html>
<html>
<head>
<title>HTML5 文档结构</title>
</head>
<body>
<!-- 页面头部 -->
```

```
<header>
            ……
    <nav>……</nav>
            ……
</header>
<!--主题区块-->
<article>
        ……
<!--内容区块-->
<section>……</section>
            ……
</article>
<!--侧边栏-->
<aside>
        ……
</aside>
<!--页面尾部-->
<footer>
        ……
```
<!--地址信息-->
```
<address>……</adderss>
</footer>
</body>
</html>
```

如图 3-1 所示，西安思丹德信息技术有限公司网站结构采用 HTML5 结构化元素表示。

3.1.2 div 标记

前面讲到的 header、footer、nav、article、section、address 标记，选择使用它们只是基于语义结构的考虑，而与样式和布局无关，要实现以上效果，必须配合 CSS 才能实现。有时需要在一段内容外围增加一个容器，这时可以采用一个完全没有语义的 <div> 标记。该标记并不是 HTML5 新增标记，它是一个区块容器标记，可以将网页分割为独立的、不同的部分，以实现网页的规划和布局。<div> 和 </div> 之间相当于一个容器，可以包含段落、标题、表格、图像、视频等各种网页元素。通常大多数 HTML 标记都可以包含在 <div> 标记中，同时 <div> 还可以包含多层 <div>。

<div> 标记通过与 id、class 等属性的配合，使用 CSS 样式，可以替代大多数块级文本标记，实现非常强大的功能。与 <div> 标记对应的是 <span> 标记，它属于行内标记，<span> 和 </span> 标记之间只能包含文本和各种行内标记，常用于定义网页中某些特殊显示的文本，配合 class 使用，它本身没有固定的格式表现，只有应用样式时，才会产生视

图 3-1

觉上的变化。当其他行内标记不合适时,就可以使用 <span> 标记。

我们通过一个例子来说明 DIV+CSS 的使用,代码如例 3-1.html 所示。

例 3-1.html

```
<!doctype html>
<html>
<head>
<meta charset="utf-8">
<title>DIV+CSS</title>
<style type="text/css">
*{
margin:0;
padding:0;
```

```css
    font-size:12px;
    text-align:center;
}
    #header,#nav,#article,#section1,#section2,#aside,#footer,#aside
{border:1px solid #333;}
    #cont{
     width:500px;
     height:500px;
     margin:0 auto;
     }
    #header{
     height:100px;
     background:#999;
     }
    #nav{
     height:50px;
     background:#666;
     margin:25px 0;
     }

    #article{
     width:295px;
     height:300px;
        float:left;
     }
    #section1{
     width:295px;
     height:100px;
     background:#999;
     }
    #section2{
     width:295px;
     height:200px;
     background:#999;
     }

    #aside{
     width:200px;
     height:300px;
```

```
        background:#999;
        float:right;}

    #footer{
      height:100px;
      background:#555;
      clear:both;
      }
    #address{
      height:50px;
      margin:25px 0;
      background:#999;
      }
</style>
</head>
<body>
<div id="cont">
  <!-- 页面头部 -->
<div id="header">
<div id="nav">导航区域</div>
</div>
<!-- 文章区 -->
<div id="article">
<div id="section1">section 区块 1</div>
<div id="section2">section 区块 2</div>
</div>
<!-- 侧边栏 -->
<div id="aside">aside 侧边栏</div>
<!-- 页部尾部 -->
<div id="footer">
<div id="address">address 区块</div>
</div>
</div>
</body>
</html>
```

运行 3-2.html，效果如图 3-2 所示。

若取消 CSS 样式，其运行效果如图 3-3 所示。

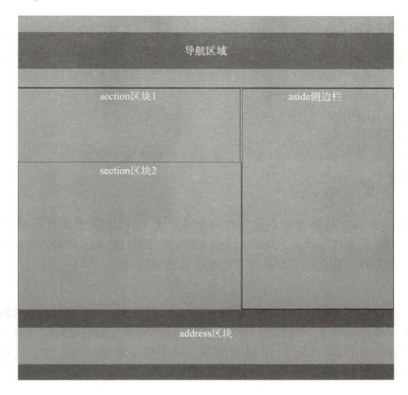

图 3-2

图 3-3

3.2 多媒体播放

  HTML5 给我们提供了一个标准的方式来播放 Web 中的音频、视频文件，用户不再为浏览器升级安装 Adobe Flash、Apple QuickTime 等播放插件而烦恼，只需使用浏览器就可以聆听任何 Web 网站发出的声音。

3.2.1 audio 标记

HTML5 定义 < audio > 标记用来实现音频文件的播放。使用 audio 标记可以控制音频的播放与停止，循环播放与播放次数设置以及播放位置等。其基本格式如下：

```
< audio src = 音频文件 URL >
    浏览器不支持显示信息
</ audio >
```

src 属性表示要播放的音频文件 URL，常用的音频格式主要有 OGG、MP3 和 WAV，它们各自的特点如下：

1. OGG

OGG（Ogg Vorbis）是一种新的音频压缩格式，类似于 MP3 等的音乐格式。OGG 是完全免费、开放和没有专利限制的。Ogg Vorbis 文件的扩展名是 .ogg。OGG 文件格式可以不断地进行大小和音质的改良，且不影响原有的编码器或播放器。

2. MP3

MP3 是一种音频压缩技术，其全称是动态影像专家压缩标准音频层面 3（Moving Picture Experts Group Audio Layer Ⅲ，简称为 MP3）。它被设计用来大幅度地降低音频数据量。利用 MP3 技术，将音乐以 1:10 甚至 1:12 的压缩率，压缩成容量较小的文件，且对于大多数用户来说重放的音质与最初的不压缩音频相比没有明显的下降。

3. WAV

WAV 是微软公司（Microsoft）开发的一种声音文件格式，它符合 RIFF（Resource Interchange File Format）文件规范，用于保存 Windows 平台的音频信息资源，被 Windows 平台及其应用程序广泛支持，该格式也支持 MSADPCM、CCITT A LAW 等多种压缩算法，支持多种音频数字、取样频率和声道。标准格式化的 WAV 文件和 CD 格式一样，也是 44.1kHz 的取样频率，16 位量化数字，因此声音文件质量和 CD 相差无几。

简言之，WAV 格式音质最好，但是文件体积较大。MP3 压缩率较高，普及率高，音质相比 WAV 要差。在与 MP3 相同位速率（Bit Rate）编码的情况下，OGG 体积更小，并且是免费的，不用交专利费。

常用浏览器和 HTML5 音频格式的兼容性如表 3-2 所示。

表 3-2 常用浏览器和 HTML5 音频格式的兼容性

HTML5 音频格式	Chrome3.0	Firefox3.5	IE9	Opera10.5	Safari3.0
OGG	支持	支持	支持	不支持	不支持
MP3	支持	不支持	支持	不支持	支持
WAV	不支持	支持	不支持	支持	不支持

除了 src 属性外，audio 标记还有以下属性可选，如表 3-3 所示。

表 3 – 3 audio 标记的其他属性

属性名	属性值	说明
autoplay	true | false	用于设置音频是否自动播放
controls	true | false	用于设置是否显示播放控件
loop	true | false	用于指定是否循环播放音频
preload	none | metadata | auto	用于指定音频数据是否预加载，none 表示不预加载；metadata 表示只预加载音频的元数据；auto 表示加载全部音频
muted	true | false	用于设置音频的静音状态，true 为静态

目前支持 audio 标记的浏览器有 IE9、Firefox、Opera、Chrome 和 Safari，IE8 和更早的版本不支持 audio 标记。不同浏览器显示的音频控件外观也不一样，如图 3 – 4 所示。

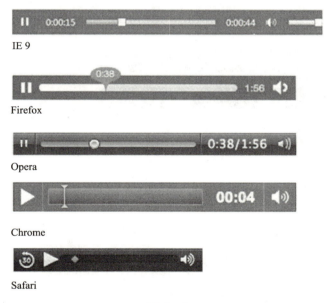

图 3 – 4

audio 标记使用实例如例 3 – 2.html 所示。

例 3 – 2.html

```
<!doctype html>
<html>
<head>
<meta charset = "utf-8">
<title>audio 标记</title>
</head>
<body>
<audio src = "song.mp3" controls autoplay = "true">
    您的浏览器暂不运行 audio 标记.
```

```
</audio>
<hr>
<audio controls>
<source src = "song.mp3">
<source src = "song.ogg">
    您的浏览器暂不运行 audio 标记.
</audio>
</body>
</html>
```

支持 HTML5 中 audio 标记的浏览器运行效果如图 3 – 5 所示。

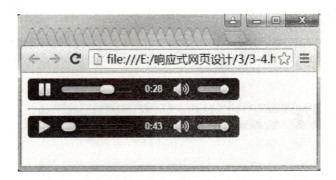

图 3 – 5

不支持 HTML5 中 audio 标记的浏览器运行效果如图 3 – 6 所示。

图 3 – 6

APlayer 是一个非常漂亮的 HTML5 音频播放器，它将 audio 标记封装，并结合 CSS 制作出漂亮的播放器 UI，它支持设置歌名、歌手和歌词，可以设置是否自动播放，支持缩略图、播放进度以及设置播放源。其代码如例3-3.html所示。

例3-3.html

```
<!doctype html>
<html>
<head>
    <meta charset="utf-8">
    <meta name="viewport" content="width=device-width,initial-scale=1,maximum-scale=1">
    <title>演示:非常漂亮的HTML5音乐播放器</title>
    <link rel="stylesheet" href="APlayer.min.css">
    <style>
        .demo{width:360px;margin:10px auto 10px auto}
        .demo p{padding:5px 0}
    </style>
</head>

<body>
    <div id="main">
    <div class="demo">
    <p><strong>样式1:</strong></p>
    <div id="player1" class="aplayer">
    <pre class="aplayer-lrc-content">
[ti:平凡之路]
[ar:朴树]
[al:《后会无期》主题歌]
[by:周敏]

[00:00.00]平凡之路 - 朴树
[00:04.01]作词:韩寒 朴树
[00:08.02]作曲:朴树 编曲:朴树
[00:12.02]徘徊着的 在路上的
[00:17.37]你要走吗
[00:23.20]易碎的 骄傲着
[00:28.75]那也曾是我的模样
[00:34.55]沸腾着的 不安着的
[00:40.26]你要去哪
[00:46.00]谜一样的 沉默着的
[00:51.75]故事你真的在听吗
[00:56.25]我曾经跨过山和大海
```

[00:59.55]也穿过人山人海
[01:02.70]我曾经拥有着一切
[01:05.00]转眼都飘散如烟
[01:07.75]我曾经失落失望失掉所有方向
[01:13.46]直到看见平凡才是唯一的答案
[01:31.70]当你仍然
[01:33.10]还在幻想
[01:37.40]你的明天
[01:43.00]她会好吗 还是更烂
[01:49.78]对我而言是另一天
[01:53.33]我曾经毁了我的一切
[01:56.54]只想永远地离开
[01:59.82]我曾经堕入无边黑暗
[02:02.14]想挣扎无法自拔
[02:04.79]我曾经像你像他像那野草野花
[02:10.54]绝望着 渴望着
[02:13.54]也哭也笑平凡着
[03:03.38]向前走 就这么走
[03:06.23]就算你被给过什么
[03:09.08]向前走 就这么走
[03:11.83]就算你被夺走什么
[03:14.78]向前走 就这么走
[03:17.58]就算你会错过什么
[03:20.33]向前走 就这么走
[03:23.13]就算你会
[03:25.78]我曾经跨过山和大海
[03:28.14]也穿过人山人海
[03:30.44]我曾经拥有着一切
[03:33.69]转眼都飘散如烟
[03:36.24]我曾经失落失望失掉所有方向
[03:42.04]直到看见平凡才是唯一的答案
[03:47.69]我曾经毁了我的一切
[03:50.84]只想永远地离开
[03:53.39]我曾经堕入无边黑暗
[03:56.29]想挣扎无法自拔
[03:59.04]我曾经像你像他像那野草野花
[04:04.79]绝望着 渴望着 也哭也笑平凡着
[04:10.64]我曾经跨过山和大海
[04:13.54]也穿过人山人海

```
[04:16.14]我曾经问遍整个世界
[04:19.49]从来没得到答案
[04:22.88]我不过像你像他像那野草野花
[04:27.64]冥冥中这是我 唯一要走的路啊
[04:34.65]时间无言
[04:36.15]如此这般
[04:40.30]明天已在眼前
[04:46.45]风吹过的 路依然远
[04:51.55]你的故事讲到了哪
</pre>
</div>
```

<p><strong>样式2：</strong></p>
<div id="player2" class="aplayer"></div>

<p><strong>样式3：</strong></p>
<div id="player3" class="aplayer"></div>
</div>
</div>
<script src="aplayer.min.js"></script>
<script>
var ap1=new APlayer({
element:document.getElementById('player1'),
narrow:false,
autoplay:false,
showlrc:false,
music:{
title:'Preparation',
author:'Hans Zimmer/Richard Harvey',
url:'http://7xifn9.com1.z0.glb.clouddn.com/Preparation.mp3',
pic:'http://7xifn9.com1.z0.glb.clouddn.com/Preparation.jpg'
}
});
ap1.init();
var ap2=new APlayer({
element:document.getElementById('player2'),
narrow:true,
autoplay:false,
showlrc:false,

```
music:{
title:'Preparation',
author:'Hans Zimmer/Richard Harvey',
url:'http://7xifn9.com1.z0.glb.clouddn.com/Preparation.mp3',
pic:'http://7xifn9.com1.z0.glb.clouddn.com/Preparation.jpg'
}
});
ap2.init();
var ap3 = new APlayer({
element:document.getElementById('player3'),
narrow:false,
autoplay:true,
showlrc:true,
music:{
title:'平凡之路',
author:'朴树',
url:'http://7xifn9.com1.z0.glb.clouddn.com/平凡之路.mp3',
pic:'http://7xifn9.com1.z0.glb.clouddn.com/平凡之路.jpg'
}
});
ap3.init();
</script>
<div id="footer">
<p style="text-align:center;font-size:12px">感谢<a href="http://www.helloweba.com">www.helloweba.com</a>提供</p>
</div>
</body>
</html>
```

运行例3-3.html，效果如图3-7所示。

3.2.2 video 标记

HTML5 定义<video>标记元素用来实现视频文件的播放，使用 video 标记可以控制视频的播放与停止、循环播放与播放次数以及播放位置等。其基本格式如下：

```
<video src=音频文件 URL>
    浏览器不支持显示信息
</video>
```

src 属性表示要播放的视频文件 URL，常用的视频格式主要有 OGG、MPEG4 和 WebM，它们各自的特点如下：

图 3-7

1. OGG

Ogg Media 是一个完全开放性的多媒体系统计划,OGM(Ogg Media File)是其容器格式。OGM 可以支持多视频、音频、字幕(文本字幕)等多种轨道。其扩展名为 .ogg,是带有 Theora 视频编码和 Vorbis 音频编码的文件。

2. MPEG4

MPEG(Moving Picture Experts Group)是一个由国际标准组织(ISO)认可的媒体封装形式,储存方式多样,可以适应不同的应用环境。MPEG4 档的档容器格式在 Layer 1 (mux)、14(mpg)、15(avc)等中规定。MPEG 的控制功能丰富,可以有多个视频(即角度)、音轨、字幕(位图字幕)。其扩展名为 .mp4,是带有 H.264 视频编码和 AAC 音频编码的文件。

3. WebM

WebM 由 Google 提出,是一个开放、免费的媒体文件格式。其扩展名为 .webm,是带有 VP8 视频编码和 Vorbis 音频编码的文件。

常用浏览器和 HTML 视频格式的兼容性如表 3-4 所示。

表 3-4 常用浏览器和 HTML5 视频格式的兼容性

格式	IE	Firefox	Opera	Chrome	Safari
OGG	No	3.5+	10.5+	5.0+	No
MPEG4	9.0+	No	No	5.0+	3.0+
WebM	No	4.0+	10.6+	6.0+	No

除了 src 属性外，video 标记还有以下属性可选，如表 3-5 所示。

表 3-5 video 标记的其他属性

属性名	属性值	说明
autoplay	true | false	如果是 true，则视频在就绪后马上播放
controls	true | false	如果是 true，则向用户显示控件，比如播放按钮
width	像素	设置视频播放器的宽度
height	像素	设置视频播放器的高度
loop	true | false	如果是 true，完成播放后再次开始播放，即循环播放
poster	url	当视频未响应或缓冲不足时，该属性值链接到一个图像。该图像将以一定比例被显示出来

video 标记使用实例如 3-4.html 所示。

例 3-4.html

```
<!doctype html>
<html>
<head>
<meta charset="utf-8">
<title>video 标记</title>
</head>
<body>
<video src="video/movie.mp4" controls autoplay width="300px" height="200px">
    您的浏览器暂不支持 video 标记.
</video>
<hr>
<video controls width="300px" height="200px">
<source src="video/movie.webm">
<source src="video/movie.ogg">
    您的浏览器暂不支持 video 标记.
</video>
</body>
```

```
</html>
```
支持 HTML5 中 video 标记的浏览器运行效果如图 3-8 所示。

图 3-8

不支持 HTML5 中 video 标记的浏览器运行效果如图 3-9 所示。

图 3-9

3.2.3 其他音视频标记

SWF 是一种基于矢量的 Flash 动画文件,一般用 Flash 软件创作并生成 SWF 文件格式。SWF 格式文件包含丰富的视频、声音、图像和动画,被广泛应用于网页设计、动画制作等领域,但由于播放该文件需要在浏览器中安装插件(Adobe Flash Player)而不受欢迎。网页中要播放 SWF 文件可以使用 <embed>、<object> 标记来实现。

SWF 文件使用实例如例 3-5.html 所示。

例 3-5.html

```
<! doctype html >
<html >
<head >
    <meta charset = "utf-8" >
<title > embed 和 object 标记 </title >
</head >
<body >
<embed src = "top.swf" width = "300px" height = "200px"/ >
<object type = "application/ x- shockwave- flash" data = "index.swf" width = "300px" height = "200px" >
<param name = "movie" value = "flash.swf"/ >
</object >
</body >
</html >
```

运行例 3-5.html,效果如图 3-10 所示。

图 3-10

3.3 地理定位

地理定位（Geolocation）API（Application Programming Interface，应用程序编程接口）可以让我们获取关于当前地理位置的信息，并在允许的情况下，把位置消息分享给别人。通常地理定位的方式有 IP 地址、GPS、Wifi、GSM/CDMA。

目前支持地理定位的浏览器有 IE9.0+、FF3.5+、Safari5.0+、Chrome5.0+、Opera10.6+。
一般地理位置获取流程：
（1）用户打开需要获取地理位置的 Web 应用。
（2）应用向浏览器请求地理位置，浏览器弹出询问，询问用户是否共享地理位置。
（3）假设用户允许，浏览器设置查询相关信息。
（4）浏览器将相关信息发送到一个信任的位置服务器，服务器返回具体的地理位置。

地理定位 API 存在于 navigator 对象中，主要通过 getCurrentPosition、watchPosition、clearWatch 三个方法来实现。getCurrentPosition 的功能是获取用户位置，watchPosition 的主要功能是持续监视位置，clearWatch 的功能是清除监视。

3.3.1 getCurrentPosition 方法

getCurrentPosition 方法的格式如下：
```
void getCurrentPostion(OnSuccess,onError,options);
```
三个参数 OnSuccess、onError、options，第一个参数为必选项，后面两个参数为可选项。第一个参数 OnSuccess 为获取当前地理位置信息成功时所执行的回调函数，可以在获取成功的回调函数中通过访问 position 属性得到如表 3-6 所示的地理信息。

表 3-6　position 属性的信息

属性	说明
latitude（纬度）	当前地理位置的纬度
longitude（经度）	当前地理位置的经度
altitude（海拔）	当前地理位置的海拔
accuracy	获取到的纬度或经度的精度（以米为单位）
altitude Accuracy	获取到的海拔的精度（以米为单位）
heading	设备前进的方向，用面朝正北方向的顺时针旋转角度来表示
speed	设备的前进速度（以米/秒为单位，不能获取时为 null）
timestamp	获取地理位置信息的时间

如例 3-6.html，展示了如何获取地理位置信息。
例 3-6.html
```
<!doctype html>
<html>
<head>
```

```html
<meta charset="utf-8">
<title>getCurrentPosition使用</title>
</head>
<body>
<p id="demo">单击这个按钮,获得您的坐标:</p>
<button onclick="getLocation()">试一下</button>
<script>
    var x=document.getElementById("demo");
    function getLocation(){
      if(navigator.geolocation){   //判断是否支持地理定位
          //如果支持,则运行getCurrentPosition()方法。
          navigator.geolocation.getCurrentPosition(showPosition);
      }else{
          //如果不支持,则向用户显示一段消息
          x.innerHTML="该浏览器不支持获取地理位置。";
      }
    }

    //获取经纬度并显示
    function showPosition(position){
        x.innerHTML = " Latitude（纬度):" + position.coords.latitude +
"<br/>Longitude(经度):"+position.coords.longitude+
        "<br/>altitue(海拔):"+position.coords.longitude;
    }
</script>
</body>
</html>
```

通过手机浏览器运行例3-6.html,效果如图3-11所示。

图3-11

第 3 章 HTML 提高

第二个参数 onError 为获取当前地理位置信息失败时所执行的回调函数，此函数会获得一个 PositionError 对象，该对象的 code 属性表示错误代码：1（PERMISSION_ DENIED）代表用户未授权使用地理定位功能；2（POSITION_ AVAILABLE）代表网络不可用或者无法连接到获取位置信息的卫星；3（TIMEOUT）代表请求超时；4（UNKNOWN_ ERROR）表示发生了其他未知错误。

如例 3-7.html，展示了带有定位失败功能的回调函数。

例 3-7.html

```
<!doctype html>
<html>
<head>
<meta charset="utf-8">
<title>getCurrentPosition 使用二</title>
</head>
<body>
<p id="demo">单击这个按钮,获得您的坐标:</p>
<button onclick="getLocation()">试一下</button>
<script>
    var x = document.getElementById("demo");
    function getLocation(){
       if(navigator.geolocation){   //判断是否支持地理定位
          //如果支持,则运行 getCurrentPosition()方法。
navigator.geolocation.getCurrentPosition(showPosition,showError);
       }else{
          //如果不支持,则向用户显示一段消息
          x.innerHTML = "该浏览器不支持获取地理位置。";
       }
    }

    //获取经纬度并显示
    function showPosition(position){
        x.innerHTML = "Latitude:" + position.coords.latitude +
"<br/>Longitude:" + position.coords.longitude;
    }

    //错误处理函数
    function showError(error){
      swtich(error.code)   //错误码
        {
        case error.PERMISSION_DENIED:   //用户拒绝
```

```
                    x.innerHTML = "用户未授权使用地理定位功能。"
                    break;
                case error.POSITION_UNAVAILABLE:    //无法提供定位服务
                    x.innerHTML = "网络不可用或者无法连接到获取位置信息的
                    卫星。"
                    break;
                case error.TIMEOUT:    //连接超时
                    x.innerHTML = "请求尝试超时。"
                    break;
                case error.UNKNOWN_ERROR:    //未知错误
                    x.innerHTML = "发生了其他未知错误。"
                    break;
                }
            }
</script>
</body>
</html>
```
在 Chrome 浏览器中未允许授权使用地理定位功能，运行效果如图 3-12 所示。

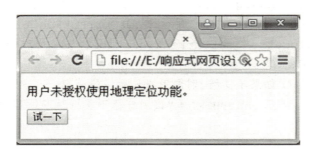

图 3-12

第三个参数 options 主要功能是设置部分位置信息的获取方式，其属性有 enableHighAccuracy、timeout 和 maximumAge。enableHighAccuracy 属性用来设置是否要求高精度获取地理信息，默认为 false；timeout 属性用来规定获取地理位置信息的超时时限，单位为毫秒，默认为 0；maximumAge 属性用来设置应用程序的缓存时间，单位为毫秒。

这些可选属性的具体设置方法如下：

```
navigator.geolocation.getCurrentPosition{
    function(position)
    {
        //获取地理位置信息成功时的处理
    },
```

```
        function(error)
        {
            //获取地理位置信息失败时的处理
        },
            //以下为可选属性
        {
            enableHighAccuracy:true,        //高精度获取
            timeout:5000,                   //超时时限为5秒
            maximumAge:30000                //缓存时间
        }
    };
```
如例3-8.html,获取当前位置并显示在百度地图上。

例3-8.html

```
<!doctype html>
<html>
<head>
<meta charset="utf-8">
<title>获取当前位置并显示在百度地图上</title>
<script type="text/javascript" src="http://api.map.baidu.com/api?v=1.4&services=false">
        </script>
<style type="text/css">
        body,html,#map{width:100%;height:100%;overflow:hidden;
        margin:0;}
</style>
</head>
<body>
        <div id="map"></div>
</body>
</html>
<script type="text/javascript">
    function getLocation()
    {
    if(navigator.geolocation)
    {
        navigator.geolocation.getCurrentPosition(
        function showMap(value)
        {
            var longitude=value.coords.longitude;
```

```javascript
            var latitude=value.coords.latitude;
            var map=new BMap.Map("map");
            var point=new BMap.Point(longitude,latitude);//创建点坐标
            map.centerAndZoom(point,15);
            map.enableScrollWheelZoom();//鼠标滚轮放大缩小
            var marker=new BMap.Marker(new
            BMap.Point(longitude,latitude));//创建标注
            map.addOverlay(marker);//将标注添加到地图中
        },
        function handleError(value)
        {
            switch(value.code)
            {
             case error.TIMEOUT:
                alert("连接超时请重试");
                break;
             case error.PERMISSION_DENIED:
                alert("您拒绝了使用共享位置");
                break;
             case error.POSITION_UNAVAILABLE:
                alert("抱歉,无法通过您的浏览器获取您的信息");
                break;
             default:
                alert("未知错误");
                break;
            }
        },
        {enableHighAccuracy:true,maximumAge:1000});
}
    else
        {
        alert("您的浏览器不支持使用HTML5来获取地理位置服务");
        }
}
function init()
{
    getLocation();
}
window.onload=init();
```

```
</script>
```
用手机浏览器运行例 3-8.html，效果如图 3-13 所示。

图 3-13

3.3.2　watchPosition 和 clearWatch 方法

watchPosition 方法持续监视当前的地理位置信息，它会定期地自动获取信息。其格式如下：

```
int watchPostion(OnSuccess,onError,options);
```

三个参数 OnSuccess、onError、options 的含义与 getCurrentPosition 方法的参数相同；该方法返回一个数字，这个数字可以被 clearWatch 方法使用，停止对当前地理位置信息的监视。

clearWatch 方法用于停止对当前用户的地理位置信息的监视，其格式如下：

```
void  clearWatch(watchid);
```

该方法的参数为调用 watchPosition 方法监视地理位置信息时的返回值。

如例 3-9.html，为 watchPosition 和 clearWatch 方法的使用。

例 3-9.html

```html
<!doctype html>
<html>
<head>
<meta charset="utf-8">
<title>watchPosition 和 clearWatch 方法使用</title>
</head>
<body>
<p id="demo">单击这个按钮,获得您的坐标:</p>
<button onclick="getLocation()">试一下</button><p>
<button id="watchID">停止监视</button>
<script>
    var x=document.getElementById("demo");
    function getLocation(){
     if(navigator.geolocation){   //判断是否支持地理定位
        //如果支持,则运行getCurrentPosition()方法。
        var wacth=navigator.geolocation.watchPosition(showPosition);
            //单击watchID停止监视按钮
            document.getElementById("watchID").onclick=function(e){
                navigator.geolocation.clearWatch("watch");
                //弹出消息窗口
                alert("停止监视");
            };
        }else{
            //如果不支持,则向用户显示一段消息
            x.innerHTML="该浏览器不支持获取地理位置。";
        }
    }

            //获取经纬度并显示
            function showPosition(position){
                x.innerHTML=" Latitude(纬度):"+position.coords.latitude+
"<br/>Longitude(经度):"+position.coords.longitude+
            "<br/>altitue(海拔):"+position.coords.longitude;
        }
</script>
</body>
```

```
</html>
```
运行例3-9.html,效果如图3-14所示。

图3-14

习题与实践

一、选择题

1. HTML5 中表示页面头部的标记是（　　）。
   A. header　　　B. article　　　C. section　　　D. footer
2. HTML5 中表示文档或区块附属信息的标记是（　　）。
   A. nav　　　　B. aside　　　　C. address　　　D. section
3. HTML5 中用来插入音频的标记有（　　）。
   A. img　　　　B. audio　　　　C. video　　　　D. embed
4. audio 标记中用来定义预加载功能的属性是（　　）。
   A. controls　　B. autoplay　　　C. preload　　　D. loop
5. video 标记中用来指定视频下载时要显示的图像属性是（　　）
   A. preload　　B. loop　　　　C. poster　　　　D. muted
6. HTML5 地理定位中 getCurrentPosition 方法的返回值为（　　）。
   A. null　　　　B. 字符串　　　C. void　　　　D. 数值
7. HTML5 地理定位中 watchPosition 方法的返回值为（　　）。
   A. null　　　　B. 字符串　　　C. void　　　　D. 数值
8. getCurrentPosition 方法第二个参数返回错误代码有（　　）种。
   A. 1　　　　　B. 2　　　　　　C. 3　　　　　　D. 4
9. 下面哪个属性表示地理定位中表示海拔高度的 position 对象？（　　）
   A. latitude　　B. longitude　　C. altitude　　　D. altitudeAccuracy
10. 下面哪个属性不属于 getCurrentPosition 方法的可选项属性？（　　）
    A. timeout　　B. maximumAge　C. enableHighAccuracy D. speed

二、实践题

1. 分析如图 3-15 所示的页面结构,并用 HTML5 相应标记标出。

图 3-15

2. 建立一个页面,获取你当前位置的经纬度并在 Google 地图上标注。

第 4 章　CSS3 基础

一个美观大方的页面仅通过 HTML5 实现是非常困难的，HTML 语言仅定义了网页结构，文本字体、颜色、背景等网页外观的表现需要通过 CSS 来实现。本章主要介绍 CSS 基本语法、选择器、CSS 颜色和度量单位。

学习目标

- 理解 CSS 语法；
- 掌握 CSS 选择器；
- 掌握 CSS 颜色和度量单位。

4.1　CSS 概述

4.1.1　CSS 发展史

1994 年哈坤·利提出了 CSS 的最初建议。其设计目的是使网页设计者可以通过附属样式对 HTML 文档表现进行描述。随着 CSS 的广泛应用，CSS 技术越来越成熟。CSS 现在有三个不同层次标准：CSS1、CSS2 和 CSS3。

CSS1 发表于 1996 年 12 月 17 日，主要定义了网页的基本属性，如字体、颜色、边框等。

CSS2 发表于 1998 年 5 月 12 日，添加了一些高级功能，如浮动、定位以及一些高级选择器，如子选择器、相邻选择器和通用选择器等。

CSS3 于 1999 年开始制订，2001 年 5 月 23 日，W3C 完成了 CSS3 的工作草案，主要包括盒子模型、列表模块、超链接方式、语言模块、背景和边框、文字特效、多栏布局等模块。现在 CSS3 正在按照路线图进行模块规范的开发，已经有很多模块成为推荐标准。

4.1.2　CSS 功能

CSS（Cascading Style Sheet）称为层叠样式表，也称为样式表。设计样式表的目的是将"网页结构代码"和"网页样式风格代码"分离，使网页设计者更方便地对网页布局进行控制。利用 CSS 可以将整个网站所有网页的外观样式指向某个 CSS 文件，这样只需修改 CSS 文件中的某一处，整个网站中所有网页对应的样式会随之改变。

4.1.3　CSS 语法基础

CSS 样式表由一条或若干条样式规则组成，每一条样式规则由 selector（选择符）、property（属性）和 value（属性值）三部分组成。其基本格式如下：

```
selector{property1:value1;property2:value2;……}
```
(1) selector 用来决定哪些元素受到影响,主要有标记选择器、类选择器、ID 选择器、复合选择器。

(2) property 选择器指定标记所包含的属性。

(3) value 指定属性的值。如果选择器有多个属性,则属性和属性值为一组,组和组之间用";"隔开。例如:

```
p{color:red;font-size:12px}
```
这条样式中 p 为选择器;color、font-size 为属性;red、12px 分别为属性的值。此样式规则表示标记 <p> 指定的段落文字为红色,字体大小为 12 像素。

4.1.4 在 HTML 中引用 CSS

我们可以通过行内样式、内嵌样式、链接样式或导入样式将 CSS 应用到 HTML 网页中。

1. 行内样式

行内样式是所有样式中最为简单、直观的方法,它直接在 HTML 标记中使用 style 属性,该属性的内容就是 CSS 属性和值。例如:

```
<p style = "color:red;font-size:12px" >不在沉默中爆发,就在沉默中消亡。</p>
```

如例 4-1.html,使用行内样式。

例 4-1.html

```
<!doctype html >
<html >
<head >
<meta charset = "utf-8" >
<title >行内样式</title >
</head >
<body >
<h2 >幸福的标准</h2 >
<p style = "color:red;font-size:12px" >心里有想着的人。</p >
<p style = "color:green;font-size:14px" >眼中有要做的事。</p >
<p style = "color:blue;font-size:16px" >手里有要做的活。</p >
<p style = "font-size:18px" >脸上有自然的笑。</p >
</body >
</html >
```

运行例 4-1.html,效果如图 4-1 所示,可以看到 4 个 P 标记中都使用了 style 属性,但各个样式之间互不影响,分别显示自己的样式效果。也就是说行内样式只对它所定义的样式起作用。另一方面,由于它无法完全发挥样式表"内容结构和样式代码分离"的优势,故不推荐使用。

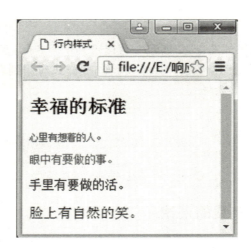

图 4-1

2. 内嵌样式

内嵌样式是将 CSS 样式代码加入到 HTML 文件的 <head> 和 </head> 之间，并且用 <style> 和 </style> 标记进行声明。实现了"内容结构和样式代码基本分离"，样式表可以应用到同一网页中的所有相同标记中。

如例 4-2.html，使用内嵌样式。

例 4-2.html

```
<!doctype html>
<html>
<head>
<meta charset="utf-8">
<title>内嵌样式</title>
<style>
        p{
        color:red;
        font-size:14px;
        }
</style>
</head>
<body>
<h2>赚钱的层次</h2>
<p>能干什么就干什么。</p>
<p>什么赚钱做什么。</p>
<p>想干什么干什么。</p>
```

```
<p>干什么成什么。</p>
</body>
</html>
```
运行例4-2.html，效果如图4-2所示，可以看到4个P标记都被CSS样式修饰且样式保持一致，均为红色，字号为14像素。如果要将同一样式应用到多个网页，内嵌样式就不适应，可以采用链接样式或导入样式。

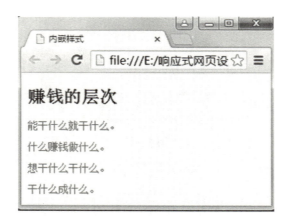

图4-2

3. 链接样式

链接样式是指把CSS样式表定义到以.css为扩展名的文件中，然后在网页文件的<head>和</head>之间通过<link>标记链接到页面文件中。其基本格式如下：

<link type="text/css" rel="stylesheet" href=css文件>

type表示样式类型为CSS样式表，rel表示链接到样式表，href指定CSS样式表文件的路径。

如例4-3.html，使用链接样式。

例4-3.html

```
<!doctype html>
<html>
<head>
<meta charset="utf-8">
<title>链接样式</title>
<link type="text/css" rel="stylesheet" href="4-3.css">
</head>
<body>
<h2>人生境界</h2>
<p>自然境界。</p>
<p>功利境界。</p>
```

```
<p>道德境界。</p>
<p>天地境界。</p>
</body>
</html>
```
运行例 4-3.html，效果如图 4-3 所示。

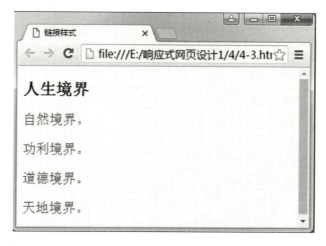

图 4-3

4-3.css 内容如下：
```
p{
    color:red;
    font-size:20px;
    }
```
链接样式的最大优势就是将代码 HTML 和 CSS 代码完全分离，并且使同一个 CSS 文件能被不同的 HTML 文件链接使用。

4. 导入样式

导入样式是指将 CSS 文件使用 @ import 语句导入到 HTML 文件的 <style> 标记中。例如：
```
<head>
<style>
  @ import "4-3.css"
</style>
</head>
```
导入样式和链接样式的区别是：采用导入样式是在 HTML 文件初始化时，会被导入到 HTML 文件内，作为文件的一部分，类似于内嵌效果；而链接样式则是在 HTML 标记需要样式时才以链接方式引入，建议采用链接方式。

CSS 指的是同一个元素通过不同方式设置的重叠样式表。如果样式相同，就会产生冲突替换。这时，CSS 的优先级顺序就显得比较重要。优先级从低到高依次为：浏览器默认样式

（元素自身携带的样式）、链接样式（使用 <link> 链接的样式）、内嵌样式（使用 <style> 标记设置）、行内样式（使用 style 属性设置）。

如例 4-4. html，为 CSS 优先级关系。

例 4-4. html

```
<!doctype html>
<html>
<head>
<meta charset = "utf-8">
<title>CSS 优先级</title>
<link rel = "stylesheet" href = "4-4.css">
<style>
        p{
            color:green;
            }
</style>
</head>
<body>
<p style = "color:red;">判断我的颜色</p>
</body>
</html>
```

运行例 4-4. html，效果如图 4-4 所示。

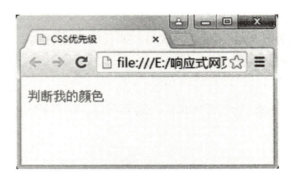

图 4-4

如果某一个样式被优先级高的替换了，但又想执行这个样式，可以将这个样式标记成重要样式（important）。设置方式如下：

```
// 强行设置最高优先级
Color:green ! important;
```

4.2　CSS 选择器

若想将 CSS 样式应用于特定的 HTML 标记中，首先需要找到该目标标记。在 CSS 中，将执行这一任务的样式规则称为选择器。CSS3 提供了更多、更丰富的选择器方式，主要分为基本选择器、复合选择器、伪选择器三大类，如表 4-1 所示。

表 4-1　CSS 选择器

	选择器	名称	说明	CSS 版本
基本选择器	*	通用选择器	选择所有元素	2
	<type>	标记选择器	选择指定类型的标记	1
	.<class>	class 类选择器	选择指定 class 属性的元素	1
	#<id>	id 选择器	选择指定 id 属性的元素	1
	［attr］系列	属性选择器	选择指定 attr 属性的元素	2~3
	选择器	名称	说明	CSS 版本
复合选择器	s1，s2，s3……	分组选择器	选择多个选择器的元素	1
	s1 s2	后代选择器	选择指定选择器的后代元素	1
	s1 > s2	子选择器	选择指定选择器的子元素	2
	s1 + s2	相邻兄弟选择器	选择指定选择器相邻的元素	2
	s1 ~ s2	普通兄弟选择器	选择指定选择器后面的元素	3
伪选择器	伪元素选择器			
	选择器	名称	说明	CSS 版本
	::first-line	伪元素选择器	选择块级元素文本的首行	1
	::first-letter	伪元素选择器	选择块级元素文本的首字母	1
	::before	伪元素选择器	选择元素之前插入内容	2
	::after	伪元素选择器	选择元素之后插入内容	2
	伪类选择器			
	（结构性伪类选择器）			
	:root	根元素选择器	选择文档中的根元素	3
	:first-child	子元素选择器	选择元素中第一个子元素	3
	:last-child	子元素选择器	选择元素中最后一个子元素	3
	:only-child	子元素选择器	选择元素中唯一子元素	3
	:only-of-type	子元素选择器	选择指定类型的唯一子元素	3
	:nth-child（n）	子元素选择器	选择指定 N 个子元素	3

续表

		（UI伪类选择器）		
伪选择器	:enabled	UI 选择器	选择启用状态的元素	3
	:disabled	UI 选择器	选择禁用状态的元素	3
	:checked	UI 选择器	选择被选中 input 勾选元素	3
	:default	UI 选择器	选择默认元素	3
	:valid	UI 选择器	验证有效选择 input 元素	3
	:invalid	UI 选择器	验证无效选择 input 元素	3
	:required	UI 选择器	有 required 属性选择元素	3
	:optional	UI 选择器	无 required 属性选择元素	3
		（动态伪类选择器）		
	:link	动态选择器	未访问的超链接元素	1
	:visited	动态选择器	已访问的超链接元素	1
	:hover	动态选择器	悬停在超链接上的元素	2
	:active	动态选择器	激活超链接上的元素	2
	:foucs	动态选择器	获取焦点的元素	2
		（其他伪类选择器）		
	:not	其他选择器	否定选择的元素	3
	:empty	其他选择器	选择没有任何内容的元素	3
	:lang	其他选择器	选取包含 lang 属性的元素	2
	:target	其他选择器	选取 URL 片段标识指向元素	3

4.2.1 基本选择器

我们把使用简单且使用频率高的一些选择器归为基本选择器。

1. 通用选择器

通用选择器用"*"表示，它在所有选择器中作用范围最广泛，能匹配页面中所有元素。其基本格式如下：

* {属性1:属性值1;属性2:属性值2;……}

例如下面的代码，使用通用选择器定义 CSS 样式，清除所有 HTML 标记的默认边距。

```
* {
    margin:0;      //定义外边距
    padding:0;     //定义内边距
}
```

2. 标记选择器

标记选择器是指用 HTML 标记名作为选择器，通常为页面中某一类标记指定统一的 CSS 样式。其语法格式如下：

标记名{属性 1:属性值 1;属性 2:属性值 2;……}

该语法中,所有的 HTML 标记名都可以作为标记选择器,例如 body、p、h1 等。用标记选择器定义的样式对页面中该类型的所有标记都有效。

例如,可以用 p 选择器定义 HTML 页面中所有段落的样式。

p{color:#333;font-size:12px;font-family:"微软雅黑";}

上述 CSS 样式表示 HTML 页面中所有段落文本颜色为#333、大小为 12 像素、字体为微软雅黑。

3. 类选择器

类选择器使用".″(英文点号)进行标识,后面紧跟类名。其基本格式如下:

.类名{属性 1:属性值 1;属性 2:属性值 2;……}

该语法中,类名即为 HTML 元素的 class 属性值,大多数 HTML 标记都可以定义 class 属性。类选择器的最大优势是可以为元素对象定义单独或相同的样式。

如例 4 – 5. html,为标记选择和类选择器的使用。

例 4 – 5. html

```
<!doctype html>
<html>
<head>
<meta charset = "utf-8">
<title>类选择器</title>
<style>
p{font-size:12px;}
.red{color:red;}
h2.red{color:green;}
.blue{color:blue;}
.size{font-size:20px;}
</style>
</head>
<body>
<h2 class = "red">追求</h2>
<p>山高不厌攀,</p>
<p class = "red">水深不厌潜,</p>
<p class = "green size">学精不厌苦。</p>
</body>
</html>
```

运行例 4 – 5. html,效果如图 4 – 5 所示。

<h2 class = "red">和<p class = "red">同为 class = "red",但结果不一样,其原因是<p class = "red">使用的样式是. red {color: red;},而<h2 class = "red">使用的样式是 h2. red {color: green;},此处使用"元素. class"来限定某种元素的类型。

<p>山高不厌攀,</p>文本颜色为黑色默认,字号为 12 像素(p {font-

图 4－5

size：12px；}）。

<p class＝"red"＞水深不厌潜，</p＞文本颜色为红色（.red {color：red;}），字号为 12 像素。

<p class＝"blue size"＞学精不厌苦。</p＞文本颜色为蓝色，字号为 20 像素（.size {font-size：20px;}）。说明一个 HTML 标记可以应用多个类，多个类名之间需要用空格隔开。

4. id 选择器

id 选择器使用"#"进行标识，后面紧跟 id 名。其基本格式如下：

#id 名{属性 1:属性值 1;属性 2:属性值 2;……}

该语法中，id 名即 HTML 元素的 id 属性值，大多数 HTML 元素都可以定义 id 属性，元素的 id 值是唯一的，只能对应于文档中某一个具体的元素。

如例 4－6.html，为 id 选择器的使用。

例 4－6.html

```
<!doctype html>
<html>
<head>
<meta charset="utf-8">
<title>类选择器</title>
<style>
        p{font-size:12px;}
        .red{color:red;}
        .green{color:blue;}
    #size{font-size:20px;}
</style>
</head>
```

```
<body >
<h2 class = "red" >追求</h2 >
<p >山高不厌攀,</p >
<p class = "red" >水深不厌潜,</p >
<p class = "green" id = "size" >学精不厌苦。</p >
</body >
</html >
```

运行例4-6.html,效果与图4-5相同。

5. 属性选择器

属性选择器是根据某个属性或属性值来控制HTML标记样式的选择器,CSS3中提供了7个属性选择器,它们能实现某些特殊的效果,如表4-2所示。

表4-2 CSS3中常见的属性选择器

属性选择器格式	说明
E[pro]	表示选择定义了pro属性的E元素,若E元素省略,表示所有元素
E[pro = "value"]	表示属性值等于value的元素被选中
E[pro ~ = "value"]	表示属性值包含value的元素被选中
E[pro| = "value"]	表示属性值等于value或以value开头的元素被选中
E[pro^ = "value"]	表示属性值以value开头的元素被选中
E[pro $ = "value"]	表示属性值以value结尾的元素被选中
E[pro * = "value"]	表示属性值中包含value的元素被选中

如例4-7.html,为属性选择器的使用。

例4-7.html

```
<!doctype html >
<html >
<head >
<meta charset = "utf-8" >
<title >属性选择器</title >
<style >
        [href]{color:red;}
        [href = "http://www.baidu.com"]{font-size:12px;}
        [href ~ = "10086"]{color:blue;}
        [href| = "taobao"]{font-size:30px;}
        [href^ = "emailto"]{color:#333;}
        [href $ = "net"]{color:#666;}
```

```
        [href* ="phpcms"]{color:green;}
</style>
</head>
<body>
<a href = "http://www.baidu.com">百度</a><br>
<a href = "www.10086.cn">中国移动</a><br>
<a href = "taobao">淘宝</a><br>
<a href = "emailto:345066179@qq.com">e-mail</a><br>
<a href = "http://www.51cto.net">51cto</a><br>
<a href = "http://www.phpcms.cn">phpcms</a>
</body>
</html>
```

运行例 4-7.html，效果如图 4-6 所示。

图 4-6

4.2.2 复合选择器

将不同的选择器进行组合形成新的特定匹配，称为复合选择器。一般的组合方式是标记选择器和类选择器组合或标记选择器和 id 选择器组合。

1. 分组选择器

将多个选择器通过逗号分隔，同时设置一组样式。其基本格式如下：
selector1,selector2,selector3{property1:value1;property2:value2;……}
例如：
```
h1,h2,p{
    color:red;
    font-family:"微软雅黑";
```

}

表示 h1、h2、p 标记的颜色为红色，字体为微软雅黑。

2. 后代选择器

后代选择器是用来选择元素或元素组的后代，其写法就是把外层标注标记写在前面，内层标注标记写在后面，中间用空格分隔。当标记发生嵌套时，内层标记就成为外层标记的后代。其基本格式如下：

selector1 selector2{property1:value1;property2:value2;……}

该语法中 selector2 是 selector1 的后代元素。

如例 4 – 8. html，为后代选择器的使用。

例 4 – 8. html

```
<!doctype html>
<html>
<head>
<meta charset = "utf-8">
<title>后代选择器</title>
<style>
p{color:red;}
        a{color:#333;}
        b{color:#666;}
        p b{color:blue;}
        p a{color:green;}
</style>
</head>
<body>
<p>响应式网页设计</p>
<a href = "http://www.html5cn.org">HTML5</a><br>
<b>CSS3</b><br>
<p>我经常浏览的<b>科技网站是<a>CSDN</a></b>网站</p>
</body>
</html>
```

运行例 4 – 8. html，其选择效果如图 4 – 7 所示。

3. 子选择器

子选择器类似后代选择器，它们最大的区别就是子选择器只能选择父元素向下一级的元素，不可以再往下选择。其基本格式如下：

selector1 > selector2{property1:value1;property2:value2;……}

该语法中 selector2 是 selector1 的子元素。它们之间用 " > " 连接。

如例 4 – 9. html，为子选择器的使用。

例 4 – 9. html

图 4-7

```
<!doctype html>
<html>
<head>
<meta charset="utf-8">
<title>子选择器</title>
<style>
ul>li{color:red;}
li{color:blue;}
</style>
</head>
<body>
<ul>
<li>AAB</li>
<ol>
<li>AAA1</li>
<li>AAA2</li>
</ol>
<li>BBB</li>
</body>
</html>
```

运行例4-9.html，效果如图4-8所示。

4. 相邻兄弟选择器

兄弟选择器用来选择拥有同一父元素的任何类型的元素，相邻兄弟选择器用来选择直接毗邻的兄弟元素。其基本格式为：

selector1 + selector2{property1:value1;property2:value2;……}

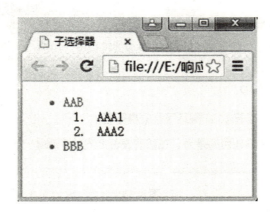

图 4-8

该语法中，selector1 和 selector2 是相邻兄弟元素。它们之间用"+"连接。
如例 4-10.html，为相邻兄弟选择的使用。
例 4-10.html
```
<!doctype html>
<html>
<head>
<meta charset="utf-8">
<title>相邻兄弟选择器</title>
<style>
h2+p{color:red;}
</style>
</head>
<body>
<h2>HTML5</h2>
<p>HTML5 是开放 Web 网络平台的奠基石……</p>
<p>HTML5 设计目的是为了在移动设备上支持多媒体……</p>
</body>
</html>
```
运行例 4-10.html，效果如图 4-9 所示。

5. 普通兄弟选择器

普通兄弟选择器用来选择指定选择器后面的其他元素。其基本格式如下：
selector1 ~ selector2{property1:value1;property2:value2;……}
如例 4-11.html，为普通兄弟选择器的使用。
例 4-11.html
```
<!doctype html>
```

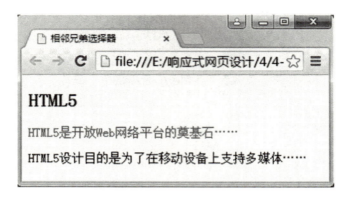

图 4-9

```
<html>
<head>
<meta charset = "utf-8">
<title>普通兄弟选择器</title>
<style>
h2~p{color:blue;}
            h2+p{color:red;}
</style>
</head>
<body>
<h2>HTML5</h2>
<p>HTML5 是开放 Web 网络平台的奠基石……</p>
<p>HTML5 设计目的是为了在移动设备上支持多媒体……</p>
</body>
</html>
```

运行例 4-11.html，效果如图 4-10 所示。

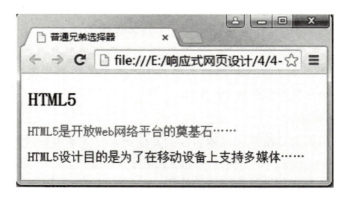

图 4-10

4.2.3 伪选择器

伪选择器包括伪元素选择器和伪类选择器两种，可以提供更加复杂、丰富的功能，因为并非直接对应 HTML 元素，故称为伪选择器。在 CSS3 中为了相互区分，伪元素选择器前置两个冒号（::），伪类选择器前置一个冒号（:），它们可以单独使用，也可以跟其他选择器组合使用（如 p::first-line）。

1. 伪元素选择器

伪元素选择器，顾名思义，伪元素实际上并不存在于 HTML 中，它们是 CSS 额外提供的。

1)::first-line 选择器

::first-line 选择器的功能是匹配块级元素文本的首行。

如例 4-12.html，为::first-line 的使用。

例 4-12.html

```
<!doctype html>
<html>
<head>
<meta charset="utf-8">
<title>::first-line 的例子</title>
<style>
::first-line{
            color:red;
background-color:#333;
            }
</style>
</head>
<body>
<p>每一个人，都需要"向上提升"的盼望和祝福。信心，就是一把可以让你的心情、成就、生活、修养愈爬愈高的隐形梯子。</p>
<span>信心是一把梯子，它可以让你的价值愈爬愈高。</span>
</body>
</html>
```

运行例 4-12.html，效果如图 4-11 所示。只有 `<p>` 标记的首行是灰底红字，`<span>` 标记的首行没有效果，因为 `<span>` 不是块标记。

2)::first-letter 选择器

::first-letter 选择器的功能是匹配文本块的首字母。

如例 4-13.html，为::first-letter 使用。

例 4-13.html

```
<!doctype html>
<html>
<head>
```

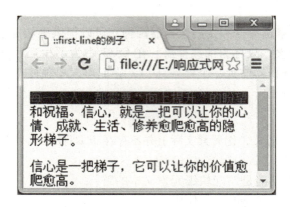

图 4-11

```
<meta charset="utf-8">
<title>::first-letter 的例子</title>
<style>
::first-letter{color:red;
        background-color:#333;}
</style>
</head>
<body>
<p>每一个人,都需要"向上提升"的盼望和祝福。信心,就是一把可以让你的心情、成就、生活、修养愈爬愈高的隐形梯子。</p>
<span>信心是一把梯子,它可以让你的价值愈爬愈高。</span>
</body>
</html>
```

运行例 4-13.html,效果如图 4-12 所示。

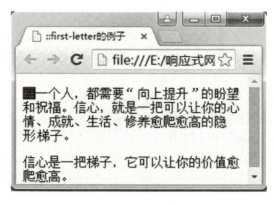

图 4-12

3)::before 和::after 选择器

::before 表示将内容添加到元素的前面,::after 表示将内容添加到元素的后面。

如例 4 – 14. html,为::before 和::after 的使用。

例 4 – 14. html

```
<!doctype html>
<html>
<head>
<meta charset="utf-8">
<title>::before 和::after 演示</title>
<style>
a::before{
        content:"中国的首都是:";
        }
a::after{
        content:",那是一座历史名城。";
        }
</style>
</head>
<body>
<a href="http://www.beijing.com">北京</a>
</body>
</html>
```

运行例 4 – 14. html,效果如图 4 – 13 所示。

图 4 – 13

2. 伪类选择器

伪类选择器和伪元素选择器一样,并不是直接针对文档元素的,而是基于某些共同特征选择元素。伪类选择器可以分为结构性伪类、UI 伪类、动态伪类和其他伪类选择器。

1)结构性伪类选择器

结构性伪类选择器能够根据元素在文档中的位置选择元素。

(1):root 为根元素选择器。:root 选择器匹配文档中的根元素,它总是返回 html 元素,所以很少使用。

如例4-15.html，为:root 选择器的使用。

例4-15.html

```
<!doctype html>
<html>
<head>
<meta charset="utf-8">
<title>:root 选择器</title>
<style>
            :root{
                border:1px solid red;
            }
</style>
</head>
<body>
<a href="http://www.csdn.net">CSDN</a>
<p>我经常访问的科技网站<b>CSDN</b>和<b>51CTO</b>。</p>
<a href="http://www.51cto.com">51CTO</a>
</body>
</html>
```

运行例4-15.html，其选择效果如图4-14所示。

图4-14

（2）:first-child 选择器。:first-child 选择器匹配包含它们的元素（即父元素）定义的第一个子元素。

如例4-16.html，为使用:first-child 选择器。

例4-16.html

```
<!doctype html>
<html>
<head>
```

```
<meta charset="utf-8">
<title>:first-child 选择器</title>
<style>
        :first-child{
                border:1px solid red;
        }
</style>
</head>
<body>
<a href="http://www.csdn.net">CSDN</a>
<p>我经常访问的科技网站<b>CSDN</b>和<b>51CTO</b>。</p>
<a href="http://www.51cto.com">51CTO</a>
</body>
</html>
```

运行例4-16.html，其效果如图4-15所示。只有CSDN有效果，因为它们分别是第一个<a>元素和第一个<b>元素，<p>因为只有一个，所以没有效果。

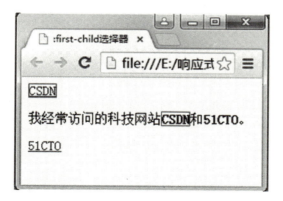

图4-15

如例4-17.html，为:first-child选择器与其他选择器组合使用。

例4-17.html

```
<!doctype html>
<html>
<head>
<meta charset="utf-8">
<title>:first-child 选择器二</title>
<style>
        p>b:first-child{
                border:1px solid red;
        }
```

```
</style>
</head>
<body>
<a href="http://www.csdn.net">CSDN</a>
<p>我经常访问的科技网站<b>CSDN</b>和<b>51CTO</b>。</p>
<a href="http://www.51cto.com">51CTO</a>
</body>
</html>
```

运行例4-17.html,其效果如图4-16所示,只有<p>元素的第一个<b>元素有效果。

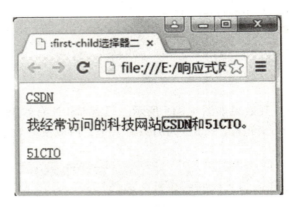

图4-16

(3) :last-child 选择器。:last-child 选择器匹配包含它们的元素(即父元素)定义的最后一个子元素。

如例4-18.html,为:last-child 选择器的使用。

例4-18.html

```
<!doctype html>
<html>
<head>
<meta charset="utf-8">
<title>:last-child 选择器</title>
<style>
    :last-child{
        border:1px solid red;
    }
</style>
</head>
<body>
<a href="http://www.csdn.net">CSDN</a>
<p>我经常访问的科技网站<b>CSDN</b>和<b>51CTO</b>。</p>
```

```
< a href = "http://www.51cto.com" >51CTO </a >
</body >
</html >
```

运行例 4 – 18. html，其效果如图 4 – 17 所示。注意：有三个元素符合，两个 51CTO 分别是 < b > 和 < a > 元素的最后一个元素， < body > 是 html 根元素的最后一个子元素。

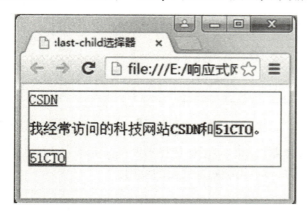

图 4 – 17

（4）:only-child 选择器。:only-child 选择器匹配父元素包含的唯一一个子元素。
如例 4 – 19. html，为:only-child 选择器的使用。

例 4 – 19. html

```
<!doctype html >
<html >
<head >
<meta charset = "utf-8" >
<title >:only-child 选择器</title >
<style >
    :only-child {
            border:1px solid red;
        }
</style >
</head >
<body >
< a href = "http://www.csdn.net" >CSDN </a >
<p >我经常访问的科技网站 <b >CSDN </b >和 51CTO。 </p >
< a href = "http://www.51cto.com" >51CTO </a >
</body >
</html >
```

运行例 4 – 19. html，其效果如图 4 – 18 所示。注意，例子中 < p > 元素中只有一个 < b > 元素。

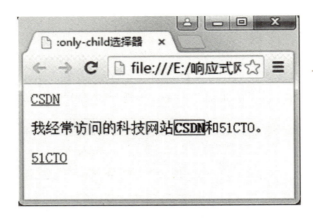

图 4-18

(5) :only-of-type 选择器。:only-of-type 选择器匹配父元素定义类型的唯一子元素。
如例 4-20.html，为 :only-of-type 选择器的使用。
例 4-20.html

```
<!doctype html>
<html>
<head>
<meta charset = "utf-8">
<title>:only-of-type 选择器</title>
<style>
    :only-of-type{
            border:1px solid red;
        }
</style>
</head>
<body>
<a href = "http://www.csdn.net">CSDN</a>
<p>我经常访问的科技网站<b>CSDN</b>和51CTO。</p>
<a href = "http://www.51cto.com">51CTO</a>
</body>
</html>
```

运行例 4-20.html，其效果如图 4-19 所示。注意，例子中有 <body>、<p> 和 <b> 三个元素符合该规则。

(6) :nth-child 选择器。使用 :nth-child 这类选择器可以指定一个索引以匹配特定位置的元素。其中 :nth-child(n) 选择父元素的第 n 个子元素；:nth-last-child(n) 选择父元素的倒数第 n 个子元素；:nth-of-type(n) 选择父元素类型的第 n 个子元素；:nth-last-of-type(n) 选择父元素的倒数第 n 个子元素。
如例 4-21.html，为 :nth-child 系列选择器的使用。

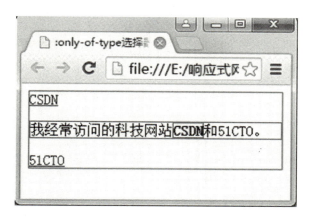

图 4-19

例 4-21.html

```html
<!doctype html>
<html>
<head>
<meta charset="utf-8">
<title>:nth-child选择器</title>
<style>
        :nth-child(2){
            background-color:#ccc;
        }
        :nth-last-child(2){
            border:1px solid red;
        }
        body>:nth-of-type(2){
            color:green;
        }
        body>:nth-last-of-type(2){
            font-style:italic;//斜体
        }
</style>
</head>
<body>
<a href="http://www.csdn.net">CSDN</a>
<p>我经常访问的科技网站<b>CSDN</b>和51CTO。</p>
<a href="http://www.51cto.com">51CTO</a>
</body>
</html>
```

运行例4-21.html，效果如图4-20所示。

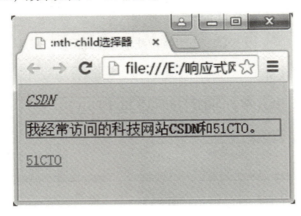

图4-20

2）UI伪类选择器

UI伪类选择器根据元素的状态匹配元素，主要应用于表单元素。

如例4-22.html，为UI伪类选择器的使用。

例4-22.html

```
<!doctype html>
<html>
<head>
<meta charset="utf-8">
<title>UI伪类选择器</title>
<style>
  input:enabled{
border:1px solid red;
    }
    input:disabled{
      border:1px solid blue;
    }
    :checked + span{
      background-color:green;
      }
    input:required{
      background-color:#CCC;
    }
    input:valid{
      border:3px dotted red;
      }
    input:invalid
```

```
        {
            border:3px dashed blue;
        }
</style>
</head>
<body>
<form>
<p>-----:enabled 和:disabled-根据有无 disabled 判定-----<br>
        用户名:<input type = "text" name = "xm" size = "8"><br>
        密  码:<input type = "password" name = "pwd" size = "8" disabled
        ></br>
<hr>
        ------:checked-根据有无 checked 判定-------<br>
        性别:<input type = "radio" name = "sex">男
            <input type = "radio" name = "sex" checked><span>女
            </span><br>
<hr>
        -------:required-根据有无 required 判定---------<br>
        QQ:<input type = "text" name = "qq" size = "11"><br>
        tel:<input type = "tel" name = "tel" size = "11" required><br>
<hr>
        --------:valid 和:invalid---根据输入验证合法与不合法判定<br>
        E-mail:<input type = "text" name = "mail" size = "11" required>
            <br>
        mobile:<input type = "text" name = "mobile" size = "11"><br>
</form>
</body>
</html>
```

运行例 4-22.html,其选择效果如图 4-21 所示。

3) 动态伪类选择器

动态伪类选择器根据条件的改变匹配元素。常用的:link 表示未访问过的超链接;:visited 表示已访问过的超链接;:hover 表示鼠标悬停在超链接上;:active 表示激活超链接;:foucs 表示获取焦点。

如例 4-23.html,为动态伪类选择器的使用。

例 4-23.html

```
<!doctype html>
<html>
<head>
<meta charset = "utf-8">
```

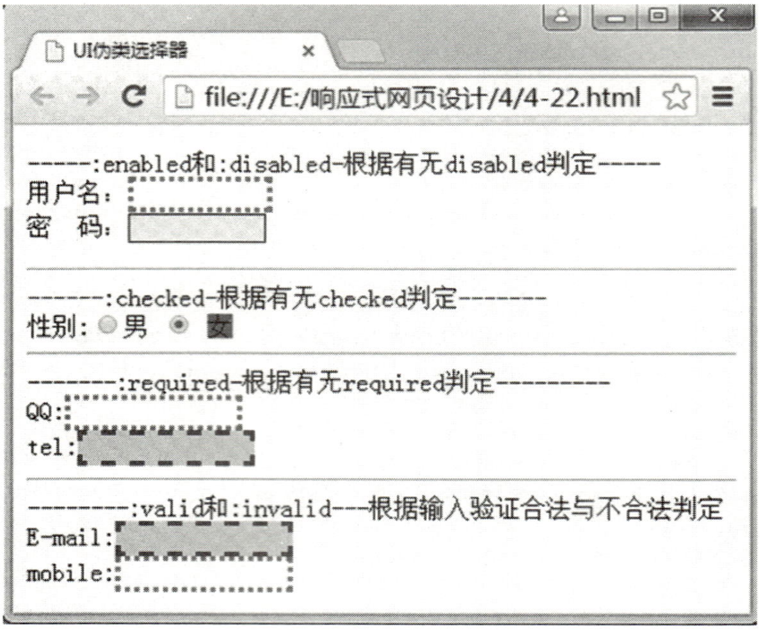

图 4-21

```
<title>动态伪类选择器</title>
<style>
    a:link{
        color:red;
        text-decoration:none;
        }
    a:visited{
        color:green;
        text-decoration:line-through;
        }
    a:hover{
        color:blue;
        text-decoration:underline;
        font-size:16px;}
    a:active{
        color:#333;
        border:1px solid red;
        }
</style>
</head>
<body>
```

```
<a href = "http://www.phpcms.cn">PHPCMS</a><br>
<a href = "http://www.51cto.com">51CTO</a><br>
<a href = "http://www.sxitu.com">SXITU</a><br>
</body>
</html>
```

图 4-22 是鼠标悬停在 SXITU 超链接的效果，图 4-23 是鼠标单击 SXITU 激活超链接的效果。

图 4-22

图 4-23

4）其他伪类选择器

:not 选择器表示对任意选择取反；:empty 选择器匹配没有定义任何子元素的元素；:lang 选择器匹配基于 lang（language）属性值的元素；:target 选择器匹配 URL 片段标注标识符指向的元素。

如例 4-24.html，为其他伪类选择器的使用。

例 4-24.html

```
<!doctype html>
<html lang = "en">
<head>
<meta charset = "utf-8">
<title>其他伪类选择器</title>
<style>
    a:not([href* = "cn"])
```

```css
            {
                color:red;
                }
        :empty{
            display:none;
            background:red;
            }
        body a:lang(en){
            border:1px solid  green;
            margin:5px;    //外边距为5px
            padding:5px;   //内边距为5px
            display:block; //显示为行块
        }
        :target{
            font-size:30px;
        }
</style>
</head>
<body>
<a href="http://www.phpcms.cn">PHPCMS</a><br>
<a href="http://www.51cto.com">51CTO</a><br>
<a></a>
<a id="click" href="http://www.sxitu.com">SXITU</a><br>
</body>
</html>
```

运行例4-24.html，效果如图4-24所示。

图4-24

带 target 访问的效果如图 4-25 所示。

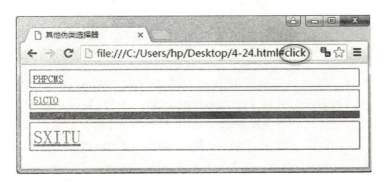

图 4-25

4.3 CSS 颜色和度量单位

4.3.1 CSS 颜色

颜色是网页样式的重要表现，使网页美观，相互区别。网页中常用颜色设置有字体颜色、超链接颜色、网页背景颜色、边框颜色设置等。

在 CSS 中常用来表示颜色值的方式有命名颜色、RGB 颜色、十六进制颜色、网络安全色、RGBA、HSL 和 HSLA。

1. 命名颜色

直接用英文单词命名与之相对应的颜色，这种方法是最简单、直接、容易掌握的表示方式，例如：红色（red）、绿色（green）、蓝色（blue）、白色（white）、黑色（black）。但只能表示几十种颜色，和我们自然界中的颜色相差甚远，所以 CSS 中几乎不用。

2. RGB

RGB 色彩模式是工业界的一种颜色标准，通过红（R）、绿（G）、蓝（B）三个颜色通道的变化以及它们相互之间的叠加来得到各式各样的颜色。RGB 即代表红、绿、蓝三个通道的颜色，这个标准几乎包括了人类视力所能感知的所有颜色，是目前运用最广的颜色系统之一。

所谓 RGB "多少" 就是指亮度，使用整数来表示。通常情况下，RGB 各有 256 级亮度，用数字表示为从 0、1、2... 直到 255。按照计算，256 级的 RGB 色彩总共能组合出约 1 678 万种色彩，即 256×256×256 = 16 777 216。通常也被简称为 1 600 万色或千万色，也称为 24 位色（2 的 24 次方）。

RGB 的设置一般分两种：百分比和数值设置。例如：
红色 RGB（255，0，0）或 RGB（100%，0%，0%）

绿色 RGB（0，255，0）或 RGB（0%，100%，0%）
蓝色 RGB（0，0，255）或 RGB（0%，0%，100%）
黑色 RGB（0，0，0）或 RGB（0%，0%，0%）
白色 RGB（255，255，255）或 RGB（100%，100%，100%）

3. 十六进制颜色

十六进制颜色的原理和 RGB 的原理相同，只是十六进制颜色的表达方式和 RGB 不同，它是将三种基本色的取值范围转换为十六进制的"00-FF"，每一种基本色用两位十六进制数字来表示，并且必须要按照既定的格式"#RRGGBB"，即每种颜色值占两位，不足以 0 来代替。例如黑色（#000000），红色（#FF0000）、绿色（#00FF00）、蓝色（#0000FF）、白色（#FFFFFF）。RGB 是一种递增色，就是数字越大，颜色越亮，如图 4-26 所示。图 4-27 是 Dreamweaver CS6 中的颜色拾色器。

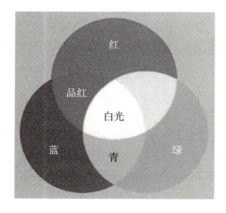

图 4-26

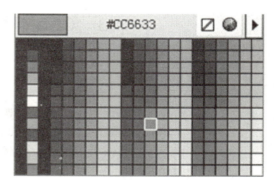

图 4-27

4. 网络安全色

网络安全色是由红、绿、蓝三种基本色从 0（00H）、51（33H）、102（66H）、153（99H）、204（AAH）、255（CCH）6 个数中取值组成 6×6×6=216 种颜色，是被认为在任何操作系统和浏览器中都是相对稳定的，所以称为安全色。

在网络中，由于显示设备、操作系统以及浏览器的不同，显示出的效果也不同，所以在 CSS 配色的时候，最好使用网络安全色，这样就能够使所显示的颜色适用不同的显示设备、操作系统以及浏览器。

5. RGBA

在 CSS3 中引入 RGBA 方式，是在 RGB 的基础上加上一个代表 Alpha 透明度的 A。可以在红、绿、蓝数值后面加上一个用以指定透明度的 0 到 1 之间的小数。

Alpha 的设置越接近 0，颜色就越透明。如果设为 0，就是完全透明的，就像没有设置任何颜色。相反的，1 表示完全不透明。例如：

红色完全透明 RGBA（255，0，0，0）

25%的红色透明 RGBA（255，0，0，0.75）

60%的红色透明 RGBA（255，0，0，0.4）
红色完全不透明 RGBA（255，0，0，1）等同于 RGBA（255，0，0）

6. HSL 和 HSLA

HSL 通过色相（Hue）、饱和度（Saturation）、明度（Lightness）三个颜色通道的变化以及它们相互之间的叠加来得到各式各样的颜色。HSL 即代表色相、饱和度、明度三个通道的颜色，如图 4-28 所示。

色相（Hue）表示色彩的本来面目，色相的取值范围为 0~360，其中 0（或 360）表示红色，60 表示黄色，120 表示绿色，180 表示青色，240 表示蓝色，300 表示洋红。

饱和度（Saturation）表示该色彩被使用了多少，即颜色的深浅程度和鲜艳程度，取值范围为 0~100%，其中 0 表示灰度，即没有使用该颜色；100% 表示饱和度最高，即颜色最鲜艳。

明度（Lightness）表示明亮程度，取值范围为 0~100%，其中 0 最暗，显示为黑色，50% 表示均值，100% 最亮，显示为白色。

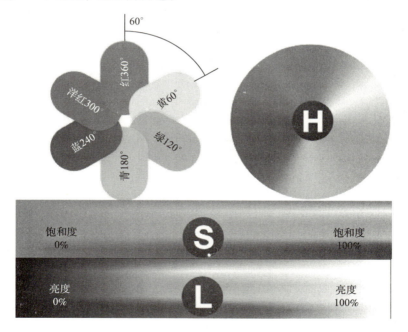

图 4-28

HSLA 同样是在 HSL 基础上加上一个代表 Alpha 透明度的 A。

Photoshop 中拾色器如图 4-29 所示。

例如：红色 HSLA（0，100%，100%，1），等同于 HSL（0，100%，100%）
25% 透明红色 HSLA（0，100%，100%，0.75）
60% 透明红色 HSLA（0，100%，100%，0.4）

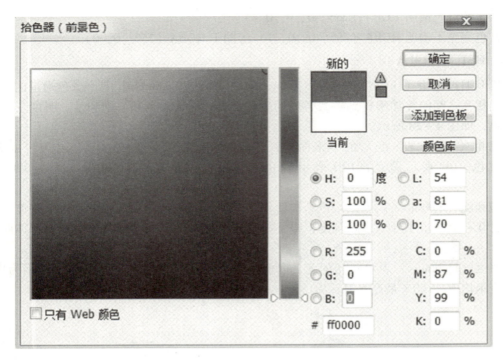

图 4-29

4.3.2 CSS 度量单位

对网页元素的大小修饰除了数值,还有度量单位。CSS 中长度单位有绝对长度和相对长度之分。

1. 绝对长度

绝对长度单位有 in(英寸)、cm(厘米)、mm(毫米)、pt(磅)、pc(pica)。其中,in(英寸)、cm(厘米)、mm(毫米)和实际中常用的单位完全相同。它们的关系是:

1in = 2.54cm = 25.4mm,

pt(磅):72pt 的长度为 1 英寸;

pc(pica):1pc 的长度为 12 磅。

因此,1in = 2.54cm = 25.4 mm = 72pt = 6pc。

不同显示器和不同分辨率对绝对单位的显示有很大影响,所以网页设计中很少使用绝对长度。

2. 相对长度

相对长度是基于一个参照标准来取值的,这个参照标准并不是固定的,因此相对长度将随着参照标准的变化而发生改变,以保持比例的协调。相对长度主要有 px、em、rem、ex 和% 几种形式。

px 就是像素,它将显示器分成非常细小的方格,每个方格就是一个像素。px 的具体大小受屏幕分辨率影响。例如,同样是 100px 大小的字体,如果显示器使用 800 像素 ×600 像素的分辨率，每个字的宽度是屏幕的 1/8；若将显示器的分辨率设置为 1024 像素×768 像素，其宽度就变为屏幕宽度的 1/10。

em 与字号大小有关，它会根据字号大小改变自己的大小，灵活性较高。通常网页默认的字号大小为 16px，中字号通常为 16px，那么，对于这个元素来说 1em 就是 16px。单位 em 的实际大小受字体尺寸影响。

rem 是基于根元素 <html> 的相对单位。

ex 定义为当前字体的小写 x 字母的高度或者 1/2 的 1em。

% 相对于它所在区块的宽度。

如例 4-25.html，为相对单位 em 的使用。

例 4-25.html

```
<!doctype html>
<html>
<head>
<meta charset="utf-8">
<title>相对单位</title>
<style>
    html{
            font-size:62.5%;
            }
        .box{border:1px solid blue;}
        .size0{font-size:16px;}
        .size1{font-size:1em;}
        .size2{font-size:2em;}
        .size3{font-size:3em;}
        .size4{font-size:3rem;}
        .size5{font-size:3ex;}
</style>
</head>
<body>
<span class="size0 box">Web</span>
<span class="size1 box">HTML5</span>
<span class="size2 box">CSS3</span>
<span class="size3 box">JavaScript<span class="size3 box">JS</span></span>
<span class="size4 box">jQuery</span>
<span class="size5 box">React</span>
</body>
</html>
```

运行例 4-25.html，效果如图 4-30 所示。我们分析会发现，Web 的大小为 16px，HT-

ML5 的大小为 10px（16×62.5% =10px =1em），CSS3 的大小为 20px（2em），JavaScript 的大小为 30px（3em），JS 的大小为 90px（3em×3），jQuery 的大小为 30px（1em×3），React 的大小为 15px（1/2 的 1em ×3）。

图 4-30

习题与实践

一、选择题

1. 通常 HTML 中引用 CSS 的方式有（　　）种。
   A. 1　　　　　　B. 2　　　　　　C. 3　　　　　　D. 4
2. HTML 使用链接样式引用 CSS 文件，使用的标记为（　　）。
   A. <link>　　　B. <style>　　　C. <script>　　　D. <meta>
3. 下列哪一项是 CSS 正确的语法构成？（　　）
   A. body：color = black　　　　　　B. {body; color: black}
   C. body {color：black；}　　　　　D. {body：color = black（body）}
4. 怎样给所有的 <h1> 标签添加背景颜色？（　　）
   A. .h1 {background-color：#FFFFFF}
   B. h1 {background-color：#FFFFFF；}
   C. h1.all {background-color：#FFFFFF}
   D. #h1 {background-color：#FFFFFF}
5. 若用 1 表示派生选择器的优先级，用 10 表示类选择器的优先级，用 100 表示 id 选择器的优先级，则下列优先级最高的选项是（　　）。
   A. div. test1. span var　　　　　B. span#xxx. songs li
   C. #xxx li　　　　　　　　　　　D. *
6. 设置表格偶数行底色为#666 的表示方法是（　　）。
   A. :nth-child(even){background-color:#666;}
   B. table:nth-child(even){background-color:#666;}
   C. tr:nth-child(even){background-color:#666;}
   D. td:nth-child(even){background-color:#666;}

7. 下列设置具有同一效果的是（　　）。
   A. a:link{color:red;} a:visited{color:blue;}
   B. a:link{color:red;} a:hover{color:blue;}
   C. a:link,a:visited,a:hover{color:red;}
   D. a:link,a:hover{} a:hover{color:red;}
8. 下列哪项设置可选择图片格式为jpg？（　　）
   A. [src="jpg"]{}   B. [src^="jpg"]
   C. [src~="jpg"]   D. [src|="jpg"]
9. 若网页中某文本的颜色设置为#268912，则浏览器中显示时最接近哪种颜色？（　　）
   A. #006600   B. #339900   C. #336600   D. #333333
10. 在一个页面中若1em=16px，html{font-size：62.5%}，则1rem相当于（　　）em。
    A. 16   B. 10   C. 62.5   D. 8

二、实践题
1. 使用CSS样式实现如图4-31所示的效果。
2. 使用CSS样式实现如图4-32所示的效果。

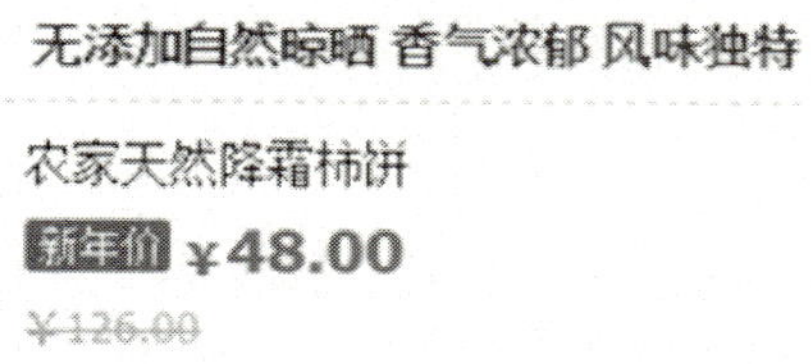

图4-31

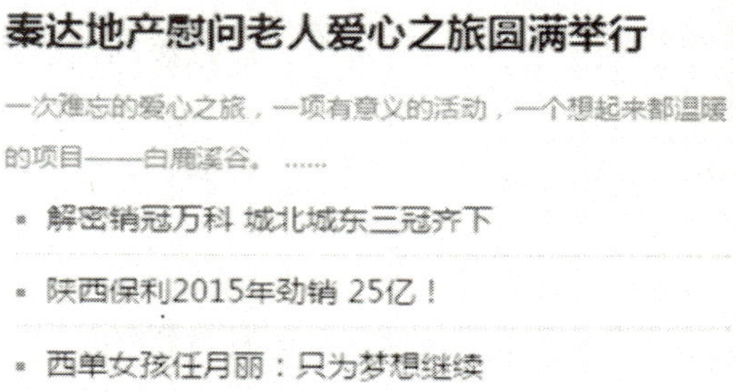

图4-32

3. 使用CSS样式实现如图4-33所示的效果。

图4-33

第 5 章　CSS 样式控制

为了能够有效地对页面的布局、字体、颜色、背景和其他效果实现更加精确的控制，必须充分了解并掌握 CSS 的相关属性。本章主要介绍如何通过 CSS 进行文本样式的设置、盒子模型的概念及属性、背景图像的设置等，为以后章节学习打下良好的基础。

学习目标

- 掌握 CSS 文本样式；
- 掌握 CSS 盒子模型；
- 掌握 CSS 背景图像。

5.1　CSS 文本样式

网页中的文字是最基本、最直接的信息传递方式，因此，文字是网页设计中不可缺少的元素。只有通过 CSS 样式代码对网页上的文字进行装饰，才能更好地留住访问者。本节主要介绍如何通过 CSS 进行文字样式的设置，更改字体的大小、字体的颜色、文本样式等。

5.1.1　字体样式

为了方便地控制网页中各种各样的字体，CSS 提供了一系列字体样式，如图 5-1 所示。

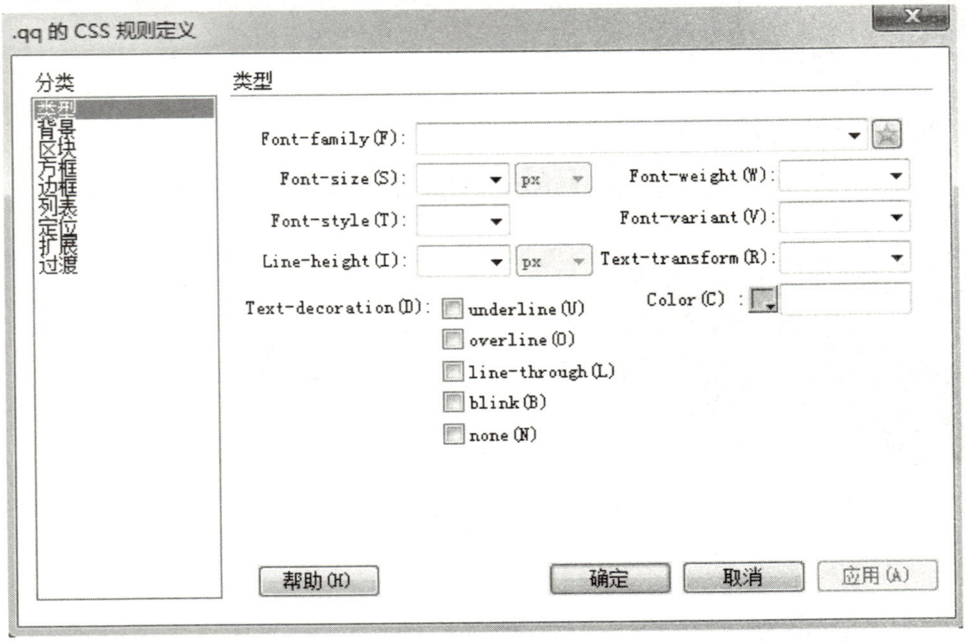

图 5-1

1. font-family（字体）

font-family 属性用于指定字体名称，这里指定的字体是浏览器系统中已安装的字体。有时为了兼容很多浏览器系统的字体，可以指定多个后备字体。其基本格式如下：

{font-family:"微软雅黑";}

{font-family:"楷体","微软雅黑","宋体";}

在设计页面时，一定要考虑字体的显示问题，为了保证页面达到预期效果，最好提供多种字体类型，把最基本的字体类型作为最后一个，这样当指定的字体没有安装时，就会使用最后一种字体。

2. font-size（字号）

font-size 属性用于设置字号，该属性值可以使用相对长度单位，也可以使用绝对长度单位。通常网页中，标题使用较大字号显示，正文使用较小字号（浏览器默认为16px），这样既吸引人的注意，又提高阅读效率。其基本格式如下：

{font-size:数值
|xx-samll |x-small |small |medium |large |x-large |xx-large |larger |smaller;}

如例5-1.html，为字体与字号的使用。

例5-1.html

```
<!doctype html>
<html>
<head>
<meta charset="utf-8">
<title>字体与字号</title>
<style type="text/css">
    .p1{font-size:12px;}
        .p2{font-size:xx-small;}
        .p3{font-size:x-small;}
        .p4{font-size:small;}
        .p5{font-size:medium;}
        .p6{font-size:large;}
        .p7{font-size:x-large;}
        .p8{font-size:xx-large;}
        .p9{font-size:larger;}
        .p10{font-size:smaller;}
        .f1{font-family:"微软雅黑";}
        .f2{font-family:"楷体";}
        .f3{font-family:"华文彩云","隶书","宋体";}
</style>
</head>
<body>
```

```
<span class = "p1 f1">字体与字号</span><span class = "p1 f2">字体与字号</span><span class = "p1 f3">字体与字号</span><br/>
<p class = "P2">xx-mall</p>
<p class = "p3">x-small</p>
<p class = "p4">small</p>
<p class = "p5">medium</p>
<p class = "p6">large</p>
<p class = "p7">x-large</p>
<p class = "p8">xx-large</p>
<p class = "p9">larger</p>
<p class = "p10">smaller</p>
</body>
</html>
```

运行例 5-1. html，效果如图 5-2 所示。

图 5-2

3. font-weight（字体加粗）

font-weight 属性用于定义字体的粗细，可以让文字外观显示不同。其基本格式如下：

{font-weight:100-900|bold|bolder|lighter|normal;}

浏览器默认的字体粗细是 normal，其中 400 等同于 normal，700 等同于 bold，值越大字体越粗。

4. font-style（字体风格）

font-style 属性用于定义字体风格，即字体的显示样式。其基本格式如下：

{font-style:normal | italic | oblique | inherit;}

其中，normal 为标准字体样式，默认值；italic 为斜体样式；oblique 为倾斜体样式；inherit 为继承父元素样式。

5. font-variant（变体）

font-variant 属性用于设置字体变化，一般用于定义小型大写字母，仅对英文字符有效。其基本格式如下：

{font-variant:normal | small-caps;}

其中，normal 为显示标准字体，默认值；small-caps 为浏览器以小型大写字母显示。

6. font（综合字体）

font 属性可以一次性使用属性的属性值定义文本字体，其基本格式如下：

{font:font-style font-variant font-weight font-size font-family;}

font 属性中的属性排列顺序是 font-style（风格）、font-variant（变体）、font-weight（粗细）、font-size（字号）、font-family（字体），各属性的属性值之间使用空格隔开，如果 font-family 属性要定义多个属性值，则需要用 ","隔开。不需要设置的属性可以省略（取默认值）。

如例 5-2.html，为字体样式的使用。

例 5-2.html

```
<!doctype html>
<html>
<head>
<meta charset = "utf-8">
<title>字体样式</title>
<style type = "text/css">
        .p1{font:italic  bold 12px "黑体";}
        .p2{
            font-style:italic;
            font-weight:bold;
            font-size:12px;
            font-family:"黑体";
            }
        // font-style
        .p3{font-style:normal;}
        .p4{font-style:italic;}
        .p5{font-style:oblique;}
        // font-variant
        .p6{font-variant:normal;}
```

```
            .p7{font-variant:small-caps;}
            //font-weight
            .p8{font-weight:lighter;}
            .p9{font-weight:bolder;}
    </style>
    </head>
    <body>
    <span class = "p1">响应式网页设计</span>
    <span class = "p2">响应式网页设计</span>
    <hr>
    <span class = "p3">响应式网页设计</span>
    <span class = "p4">响应式网页设计</span>
    <span class = "p5">响应式网页设计</span>
    <hr>
    <span class = "p6">JavaScript</span>
    <span class = "p7">JavaScript</span>
    <hr>
    <span class = "p8">响应式网页设计</span>
    <span class = "p9">响应式网页设计</span>
    </body>
    </html>
```
运行例 5-2.html，效果如图 5-3 所示。

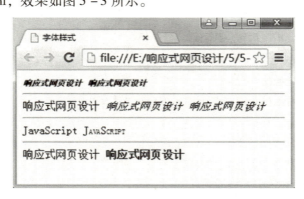

图 5-3

5.1.2 文本外观样式

1. color（文本颜色）

color 属性用于定义文本的颜色，其取值方式有：命名颜色、RGB 颜色、十六进制颜色、网络安全色、RGBA、HSL 和 HSLA，通常采用十六进制颜色表示法。其基本格式如下：

{color:颜色值;}

2. text-transform（文本转换）

text-transform 属性用于控制英文字符的大小写，其基本格式如下：

`{text-transform:none|capitalize|uppercase|lowercase;}`

其中，none 表示不转换（默认值）；capitalize 表示首字母大写；uppercase 表示全部字符转换为大写；lowercase 表示全部字符转换为小写。

3. text-decoration（文本装饰）

text-decoration 属性用于设置文本的下划线、上划线、删除线等装饰效果。其基本格式如下：

`{text-decoration:none|underline|overline|line-through;}`

其中，none 表示没有装饰（默认值）；underline 表示下划线；overline 表示上划线；line-through 表示删除线，如图 5-4 所示。

图 5-4

4. line-height（行距，行高）

line-height 属性用于设置行间距，所谓行间距就是行与行之间的距离，也称为行高。其基本格式如下：

`{line-height:normal|数值}`

5. word-spacing（单词间距）

word-spacing 属性用于定义英文单词之间的间距（图 5-5），对中文无效。其基本格式如下：

`{word-spacing:normal|数值}`

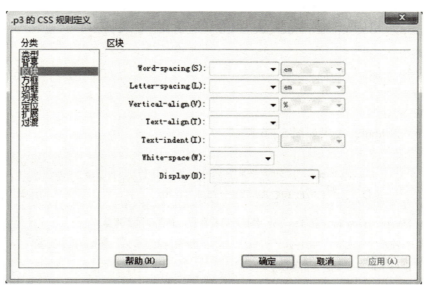

图 5-5

6. letter-spacing（字符间距）

letter-spacing 属性用于定义字符间距，所谓字符间距就是字符与字符之间的空白。其基本格式如下：

{letter-spacing:normal|数值}

如例5-3.html，为word-spacing与letter-spacing的使用。

例5-3.html

```html
<!doctype html>
<html>
<head>
<meta charset="utf-8">
<title>word-spacing与letter-spacing</title>
<style type="text/css">
    .p1{word-spacing:normal;}
    .p2{word-spacing:20px;}
    .p3{letter-spacing:normal;}
    .p4{letter-spacing:10px;}
    .p5{letter-spacing:-5px;}
</style>
</head>
<body>
<p class="p1">Every season brings its joy 春有百花秋有月,夏有凉风冬有雪.</p>
<p class="p2">Every season brings its joy 春有百花秋有月,夏有凉风冬有雪.</p>
<p class="p3">Life has seasons 人生有四季。</p>
<p class="p4">Life has seasons 人生有四季。</p>
<p class="p5">Life has seasons 人生有四季。</p>
</body>
</html>
```

运行例5-3.html，效果如图5-6所示。

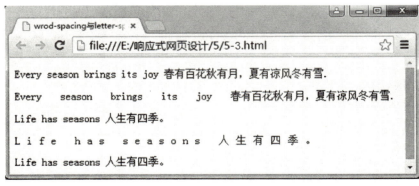

图5-6

7. text-align（水平对齐方式）

text-align 属性用于设置文本内容的水平对齐，相当于 html 中的 align 属性。其基本格式如下：

{text-align:left | center | right | justify}

其中，left 表示左对齐（默认值）；center 表示居中对齐；right 表示右对齐；justify 表示两端对齐。

8. vertical-align（垂直对齐方式）

vertical-align 定义行内元素的基线相对于该元素所在行的基线的垂直对齐方式。其基本格式如下：

{vertical-align:baseline | top | text-top | middle | bottom | text-bottom | sub | super}

其中，baseline 表示元素的基线与父元素的基线一致〈默认值〉；top 表示元素的顶端与行中最高元素的顶端对齐（顶端对齐）；text-top 表示元素的顶端与父元素字体的顶端对齐；middle 表示此元素放置在父元素的中部；bottom 表示元素的底端与行中最低的元素的顶端对齐；text-bottom 表示元素的底端与父元素字体的底端对齐；sub 表示垂直对齐文本的下标；supper 表示垂直对齐文本的上标。

如例 5 – 4. html，为水平对齐与垂直对齐使用。

例 5 – 4. html

```
<!doctype html >
<html >
<head >
<meta charset = "utf-8" >
<title >水平对齐和垂直对齐</title >
</head >
<body >
<table border = "1" width = "300px" >
<tr >
<td style = "text-align:left" >左对齐</td >
<td style = "text-align:center" >居中</td >
<td style = "text-align:right" >右对齐</td >
</tr >
<tr height = "80" >
<td style = "vertical-align:top" >顶对齐</td >
<td style = "vertical-align:middle" >居中对齐</td >
<td style = "vertical-align:bottom" >底对齐</td >
</tr >
</table >
</body >
```

</html>

运行例5-4.html，效果如图5-7所示。

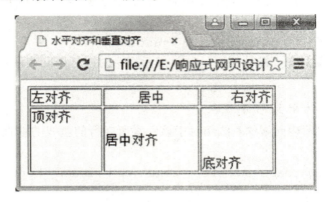

图5-7

9. text-indent（文本缩进）

text-indent属性可用来设定文本块中首行的缩进。其基本格式如下：

{text-indent:数值|%}

通常首行缩进两个字符，可设置为{text-indent: 2em}。

10. white-space（空白处理）

white-space属性用于设置对象内空格字符的处理方式。其基本格式如下：

{white-space:normal|pre|nowrap}

其中，normal表示浏览器会忽略空白（默认值）；pre表示空白会被浏览器保留；nowrap表示文本不会换行。

11. text-overflow（文本溢出）

text-overflow属性用来定义文本溢出指定区块时是否显示省略号。实现溢出时产生省略号的前提条件是强制文本在一行内显示（white-space：nowrap）和溢出内容隐藏（overflow：hidden），只有这样才能实现溢出时显示省略号。其基本格式如下：

{text-overflow:clip|ellipsis;}

其中，clip表示溢出时不显示省略号，只是简单的裁切；ellipsis表示溢出时显示省略号。

如例5-5.html，为text-overflow的使用。

例5-5.html

```
<!doctype html>
<html>
<head>
<meta charset="utf-8">
<title>text-overflow使用</title>
<style>
    .p {border:1px solid blue;margin:10px 0;width: 200px;}
```

```
        .p1{white-space:nowrap;overflow:hidden;text-overflow:clip;}
        .p2{white-space:nowrap;overflow:hidden;text-overflow:ellipsis;}
    </style>
</head>
<body>
    <div class="p p1">text-shadow 属性的作用是为所指定的文本添加阴影效果。</div>
    <div class="p p2">text-shadow 属性的作用是为所指定的文本添加阴影效果。</div>
</body>
</html>
```

运行例 5-5. html，效果如图 5-8 所示。

图 5-8

12. text-shadow（文本阴影）

text-shadow 属性的作用是为所指定的文本添加阴影效果。目前，Safari、Firefox、Chrome、Opera、IE9 以上浏览器都支持 text-shadow 属性。其基本格式如下：

{text-shadow:h-shadow|v-shadow|blur|color;}

其中，h-shadow 指定水平方向上阴影的位置，可取正负值，正值表示文本右边。v-shadow 指定垂直方向上阴影的位置，可取正负值，正值表示文本下方。blur 指定阴影的模糊半径，只能取正值，值越大模糊范围越大，省略时表示不向外模糊。color 指定阴影的颜色，省略时使用文本颜色替代。

如例 5-6. html，为 text-shadow 的使用。

例 5-6. html

```
<!doctype html>
<html>
<head>
<meta charset="utf-8">
<title>文本阴影</title>
<style>
```

```
            p{font-size:50px;}
            .p1{text-shadow:10px 10px 5px #666;}
            .p2{text-shadow:-10px -10px 5px #666;}
</style>
</head>
<body>
<p class = "p1">HTML5 + CSS3</p>
<p class = "p2">HTML5 + CSS3</p>
</body>
</html>
```
运行例 5-6.html，效果如图 5-9 所示。

图 5-9

5.1.3 文本样式实例

前面小节中，主要介绍了文字相关方面的 CSS 属性设置，本小节将利用上面的知识来实现例 5-7.html，如图 5-10 所示的效果。具体步骤如下：

1. 构建 HTML 页面，利用 DIV 搭框架

例 5-7.html
```
<!doctype html>
<html>
<head>
<meta charset = "utf-8">
<title>text-overflow 使用</title>
</head>
<body>
```

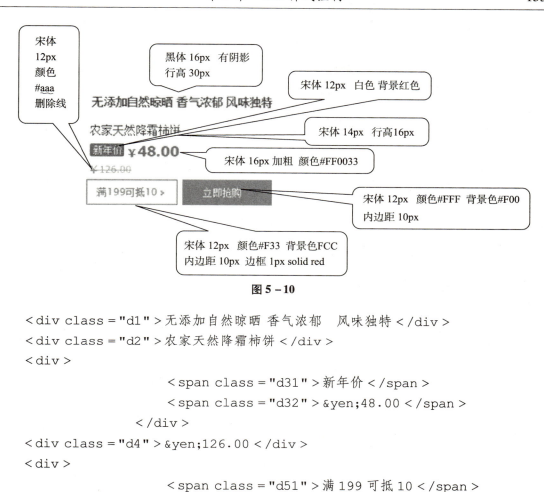

图 5-10

```
<div class = "d1">无添加自然晾晒 香气浓郁  风味独特</div>
<div class = "d2">农家天然降霜柿饼</div>
<div>
              <span class = "d31">新年价</span>
              <span class = "d32">&yen;48.00</span>
        </div>
<div class = "d4">&yen;126.00</div>
<div>
              <span class = "d51">满 199 可抵 10</span>
              <span class = "d52">立即抢购</span>
        </div>
</body>
</html>
```

其运行效果如图 5-11 所示。

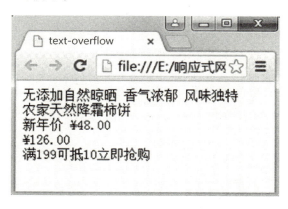

图 5-11

2. 建立 5-7.css 文件

```css
*{
    margin:5px 0;
    font-size:12px;
    }
.d1{
    font-family:"黑体";
    font-size:16px;
    line-height:30px;
    }
.d2{
    font-family:"宋体";
    font-size:14px;
    line-height:16px;
}
.d31{
    background-color:#f00;
    color:#fff;
    }
.d32{
    font-size:16px;
    font-weight:bolder;
    color:#f03;
    }
.d4{
    color:#aaa;
    text-decoration:line-through;
    }
.d51{
    color:#f33;
    background-color:#fcc;
    padding:10px;
    display:inline-block;
    border:1px solid #f00;
}
.d52{
    color:#fff;
    background-color:#f00;
    padding:10px;
```

```
        display:inline-block;
        border:1px solid #f00;
        margin:5px;
}
```

3. HTML 文件引用 5-7.css 文件

`< link rel = "stylesheet" type ="text/ css" href = "5-7.css" >`

4. 运行

运行效果如图 5 – 12 所示。

图 5 – 12

5.2 CSS 盒子模型

在网页设计中，只有掌握了盒子模型以及盒子模型的各个属性和应用方法，才能轻松地控制页面中的各个元素。

5.2.1 盒子模型的概念

所谓盒子模型就是我们在网页设计中经常用到的一种思维模型，它和我们生活中看到的盒子相似，就是一个用来盛装内容的容器。在 CSS 中，一个独立的盒子模型由内容（content）、内边距（padding）、边框（border）和外边距（margin）4 个部分组成，如图 5 – 13 所示。

此外，padding、border 和 margin 可以进一步细化为上下左右 4 个部分，在 CSS 中可以分别进行设置，如图 5 – 14 所示。

图中各属性的含义如下：width 和 height 表示内容的宽度和高度。padding-top、padding-right、padding-bottom 和 padding-left 分别表示上内边距、右内边距、底内边距和左内边距。border-top、border-right、border-bottom 和 border-left 分别表示上边框、右边框、底边框和左边框。margin-top、margin-right、margin-bottom 和 margin-left 分别表示上外边距、右外边距、底外距和左外边距。

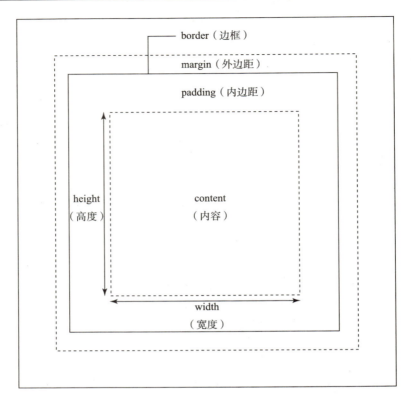

图 5-13

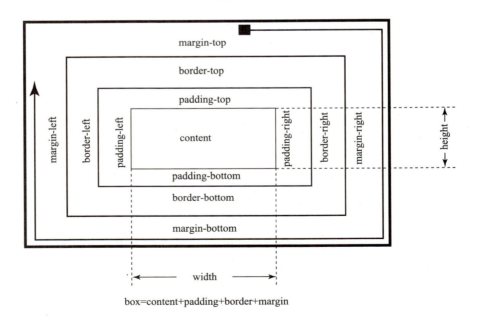

图 5-14

因此一个盒子实际所占有的宽度（高度）由"内容"+"内边距"+"边框"+"外边距"组成。例如：

```
.box{
    width:70px;
    padding:5px;
    margin:10px;
}
```
此盒子所占宽度如图 5-15 所示。

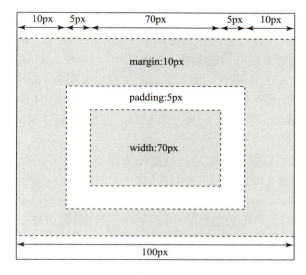

图 5-15

5.2.2 盒子模型的属性

为了更好地控制盒子，我们还要掌握盒子模型的相关属性，如图 5-16 所示。

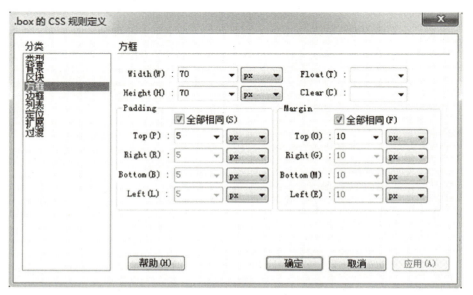

图 5-16

1. 方框

(1) Width (宽度): 表示内容的宽度, 可以是数值或%。

(2) Height (高度): 表示内容的高度, 可以是数值或%。

(3) Padding (内边距): 所谓内边距就是内容与边框之间的距离, 其值可以是数值、%或 auto, 但不允许使用负值。当设置为%时, 表示的是相对于其父元素的 width, 随父元素 width 的变化而变化。

padding 包括 padding-top、padding-right、padding-bottom 和 padding-left, 它们可以单独设置, 如 {padding-top: 5px} 表示上内边距为 5px, 也可复合设置。如:

padding: 5px; 表示上下左右内边距都为 5px。

padding: 5px 10px; 表示上下内边距为 5px, 左右内边距为 10px。

padding: 5px 10px 15px; 表示上内边距为 5px, 左右内边距为 10px, 下内边距为 15px。

padding: 2px 4px 6px 8px; 表示上内边距为 2px, 右内边距为 4px, 下内边距为 6px, 左内边距为 8px。

(4) Margin (外边距): 表示外边距, 所谓外边距指的是元素边框与相邻元素之间的距离, 其值可以是数值、%或 auto。

margin 包括 margin-top、margin-right、margin-bottom 和 margin-left, 它们可以单独设置, 如 {margin-left: 10px;} 表示左外边距为 10px, 也可复合设置。如:

margin: 5px; 表示上下左右外边距都为 5px。

margin: 5px auto; 表示上下内边距为 5px, 左右自动居中。

margin: 5px 10px 15px; 表示上外边距为 5px, 左右外边距为 10px, 下外边距为 15px。

margin: 2px 4px 6px 8px; 表示上外边距为 2px, 右外边距为 4px, 下外边距为 6px, 左外边距为 8px。

如例 5-8.html, 为 padding 与 margin 的使用。

例 5-8.html

```
<!doctype html>
<html>
<head>
<meta charset="utf-8">
<title>padding 与 margin</title>
<style>
    .box1{
        width:100px;
        height:100px;
        padding:10px;
        margin:20px;
        background-color:#f00;
        }
    .box2{
        width:100px;
```

```
            height:100px;
            padding:10px;
            margin:20px;
            background-color:#0f0;
            }
        .con{
            background-color:blue;
            width:100px;
            height:100px;
            display:inline-block;
            line-height:100px;
            text-align:center;
            }
</style>
</head>
<body>
<div class = "box1" > < span class = "con" >box1 </span > </div >
<div class = "box2" > < span class = "con" >box2 </span > </div >
</body>
</html>
```

运行例 5 – 8. html，效果如图 5 – 17 所示。

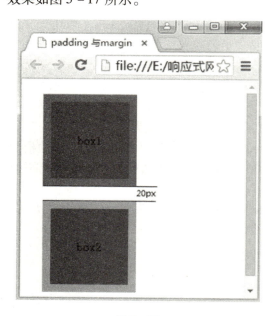

图 5 – 17

注意，当上下相邻的两个元素相遇时，它们的垂直外边距不是两个元素的相应外边距之和，而是两者中的较大者，这种现象称为外边距合并。

2. border（边框）

border 表示边框，它由边框样式（border-style）、边框宽度（border-width）和边框颜色（border-color）组成，如图 5-18 所示。

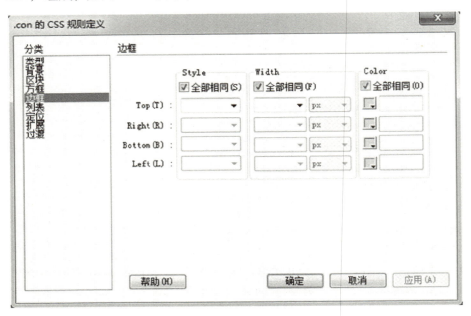

图 5-18

（1）border-style：用于定义页面中边框的风格。其属性值可以是 none（没有）、dashed（破折线）、dotted（圆点线）、double（双线）、groove（槽线）、inset（内嵌线）、outset（外凸线）、ridge（脊线）、solid（单实线）。

border-style 包括 border-top-style、border-right-style、border-bottom-style 和 border-left-style。它们既可以单独设置，如 {border-bottom-style：solid；} 表示下边框为单实线，也可复合设置。如：

border-style：solid；表示上下左右四边框为单实线。

border-style：solid dotted；表示上下边框为单实线，左右边框圆点线。

border-style：solid dotted dashd；表示上边框为单实线，左右边框为圆点线，下边框为破折线。

border-style：solid dotted dashed double；表示上边框为单实线，右边框为圆点线，下边框为破折线，左边框为双线。

如例 5-9. html，为 border-style 的使用。

例 5-9. html

```
<!doctype html>
<html>
<head>
<meta charset = "utf-8">
<title>border-style</title>
```

```
<style>
    .box{width:500px;height:50px;line-height:50px;margin:10px;}
    .box1{border-style:solid;}
    .box2{border-style:solid dotted;}
    .box3{border-style:solid dotted dashed;}
    .box4{border-style:solid dotted dashed double;}
</style>
</head>
<body>
<div class = "box box1">上下左右四边框为单实线</div>
<div class = "box box2">上下边框为单实线,左右边框圆点线</div>
<div class = "box box3">上边框为单实线,左右边框为圆点线,下边框为破折线</div>
<div class = "box box4">上边框为单实线,右边框为圆点线,下边框为破折线,左边框为双线</div>
</body>
</html>
```

运行例 5-9.html,效果如图 5-19 所示。

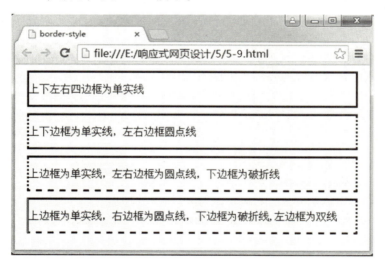

图 5-19

(2) border-width：表示边框的宽度（粗细）。其属性值可以是数值、百分数、thin、medium 和 thick。

border-width 包括 border-top-width、border-right-width、border-bottom-width 和 border-left-width，它们既可以单独设置，也可复合设置。

(3) border-color：表示边框线的颜色。其属性值是通用的颜色代码。

border-color 包括 border-top-color、border-right-color、border-bottom-color 和 border-left-color，它们既可以单独设置，也可复合设置。

简言之，边框的样式有边框线条的类型、边框的粗细和边框的颜色，如果四条边框线的设置相同，可以简写如下：

{border:border-style border-width border-color;}

3. border-radius（圆角边框）

border-radius 用来设置边框圆角。其属性值可以取数值或%，但不可为负值。

border-radius 包括 border-top-left-radius（左上角）、border-top-right-radius（右上角）、border-bottom-right-radius（右下角）和 border-bottom-left-radius（左下角）。它们既可以单独设置，如 {border-top-left-radius：10px} 表示左上角圆角半径为10px，也可复合设置。如：

border-radius：10px；表示四个角的圆角半径为10px。

border-radius：10px 30px；表示左上角和右下角的圆角半径为10px，右上角和左下角的圆角半径为30px。

border-radius：10px 30px 60px；表示左上角为10px，右上角和左下角为30px，右下角为60px。

border-radius：10px 30px 60px 6px；表示左上角为10px，右上角为30px，右下角为60px，左下角为6px。

如例5-10.html，为 border-radius 的使用。

例5-10.html

```
<!doctype html>
<html>
<head>
<meta charset="utf-8">
<title>border-radius</title>
<style>
    .box{width:300px;height:60px;margin:10px;padding:10px;bor-
        der:1px solid blue;}
    .box1{border-radius:10px;}
    .box2{border-radius:10px 30px;}
    .box3{border-radius:10px 30px 60px;}
    .box4{border-radius:10px 30px 60px 15px;}
</style>
</head>
<body>
<div class="box box1">四个角的圆角半径为10px</div>
<div class="box box2">左上角和右下角的圆角半径为10px,右上角和左下角的圆角半径为30px;</div>
<div class="box box3">左上角为10px,右上角和左下角为30px,右下角为60px;</div>
<div class="box box4">左上角为10px,右上角为30px,右下角为60px,左下角为15px</div>
```

</body>
</html>
```
运行例 5-10.html,效果如图 5-20 所示。

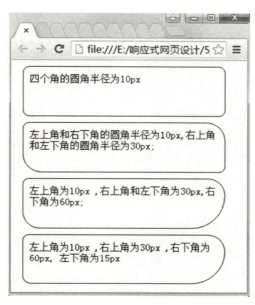

图 5-20

另外可以通过设置不同的外半径(外部圆角边框的半径)和边框宽度,绘制出不同形状的内边框。

如例 5-11.html,为 border-radius 的使用。

例 5-11.html

```html
<!doctype html>
<html>
<head>
<meta charset="utf-8">
<title>border-radius</title>
<style>
    .box{margin:10px;line-height:50px;}
    .box1{
        border:20px solid blue;
        height:50px;
        border-radius:10px;
        }
    .box2{
        border:10px solid blue;
        height:50px;
        border-radius:20px;
```
```

```
        }
        .box3{
            border:10px solid blue;
            height:50px;
            border-radius:50px;
        }
        .box4{
            border:1px solid blue;
            height:100px;
            width:100px;
            border-radius:50px;
        }
    </style>
</head>
<body>
<div class = "box box1" >内直角 border-width > border-radius </div>
<div class = "box box2" >小内直角 border-width < border-radius </div>
<div class = "box box3" >大内直角 border-width << border-radius </div>
<div class = "box box4" >圆 半径为盒子宽高一半 </div>
</body>
</html>
```

运行例 5-11.html，效果如图 5-21 所示。

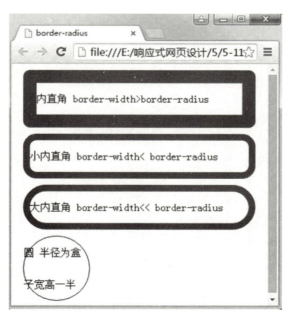

图 5-21

4. box-shadow（盒子阴影）

box-shadow 属性用来设定元素盒子的阴影。其基本格式如下：

{box-shadow:inset | x-offset | y-offset | blur-radus | spread-radius | color}

上述各参数的含义如下：

inset：表示阴影类型，可选参数，如果不设定，默认投影方式是外阴影，如果设置"inset"表示内阴影。

x-offset 表示阴影水平偏移量。如果是正值，则阴影在对象的右边；如果是负值，则阴影在对象的左边。

y-offset 表示阴影垂直偏移量。如果是正值，则阴影在对象的底部；如果是负值，则阴影在对象的顶部。

blur-radius（可选）指定模糊值，是一个长度值，值越大盒子的边界越模糊。默认值为0，边界清晰。

spread-radius（可选）指定阴影的延伸半径，是一个长度值，正值代表阴影向盒子各个方向延伸扩大，负值代表阴影沿相反方向缩小。

color（可选）设定阴影的颜色，如果省略，浏览器会自行选择一个颜色。

如例 5-12.html，为 box-shadow 的使用。

例 5-12.html

```
<!doctype html>
<html>
<head>
<meta charset="utf-8">
<title>box-shadow</title>
<style>
        .box{width:150px;height:150px;background:url(css3.png)no-repeat;
            border:1px solid red;margin:20px;padding:20px;float:left;}
        .box1{
            box-shadow:10px 10px 10px 10px blue;
            }
        .box2{
            box-shadow:inset 10px 10px 1px 1px blue;
            }
</style>
</head>
<body>
<div class="box box1"></div>
<div class="box box2"></div>
```

```
</body>
</html>
```

运行例 5-12.html，效果如图 5-22 所示。

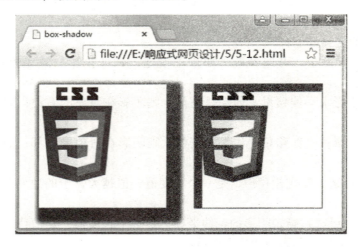

图 5-22

5.3 CSS 背景样式

盒子模型的尺寸可以通过边框和背景两种方式实现可见性，接下来描述 CSS 背景样式，如图 5-23 所示。

图 5-23

5.3.1 background-color (背景颜色)

background-color 属性用于设定网页背景色,同设定前景色的 color 属性一样,background-color 属性可接受任何有效的颜色值,而对于没有设定背景色的标记,默认背景色为透明 (transparent)。其基本格式如下:

{background-color:transparent|color;}

5.3.2 background-image (背景图像)

background-image 属性用于设定标记的背景图像,其基本格式如下:

{background-image:none|url;}

注意,在设定背景图像时,最好同时也设定背景色,当背景图像无法正常显示时,可以使用背景色来替代。当然,如果正常显示,背景图像将覆盖背景色。

如例 5-13.html,为 background-image 的使用。

例 5-13.html

```
<!doctype html>
<html>
<head>
<meta charset = "utf-8" >
<title >border-image </title >
<style >
    .box{width:200px;height:200px;border:1px solid blue;}
    .box1{background-image:url(bj1.png);}
    .box2{background-image:url(bj2.png);}
</style >
</head>
<body >
<div class = "box box1" >大图像 </div >
<div class = "box box2" >小图像 </div >
</body >
</html>
```

运行例 5-13.html,效果如图 5-24 所示。

5.3.3 background-repeat (背景重复)

background-repeat 属性用于设定背景图像的重复方式,包括水平垂直重复、水平重复、垂直重复和不重复等。其基本格式如下:

{background-repeat:repeat|repeat-x|repeat-y|no-repeat|round|space;}

background-repeat 属性重复背景图像是从元素

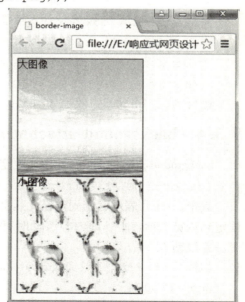

图 5-24

的左上角开始平铺,直到水平、垂直或全部页面都被覆盖。

如例 5-14.html,为 background-repeat 的使用。

例 5-14.html

```html
<!doctype html>
<html>
<head>
<meta charset="utf-8">
<title>border-repeat</title>
<style>
.box{width:200px;height:200px;border:1px solid blue;float:left;}
    .box1{background-image:url(bj2.png);background-repeat:repeat;}
    .box2{background-image:url(bj2.png);background-repeat:repeat-x;}
    .box3{background-image:url(bj2.png);background-repeat:repeat-y;}
    .box4{background-image:url(bj2.png);background-repeat:no-repeat;}
    .box5{background-image:url(bj2.png);background-repeat:round;}
    .box6{background-image:url(bj2.png);background-repeat:space;}
</style>
</head>
<body>
<div class="box box1">重复</div>
<div class="box box2">水平重复</div>
<div class="box box3">垂直重复</div>
<div class="box box4">不重复</div>
<div class="box box5">图像之间设置间距,确保图像不被截断</div>
<div class="box box6">调整图像大小,确保图像不被截断</div>
</body>
</html>
```

运行例 5-14.html,效果如图 5-25 所示。

5.3.4 background-attachment(背景显示)

background-attachment 属性用来设定背景图像是否随文档一起滚动。其基本格式如下:

{background-attachment:scroll|fixed|local;}

其中,scroll 表示背景固定在元素上,不会随着内容一起滚动,默认值;fixed 表示背景固定到浏览器窗口上,即内容滚动时背景不动;local 表示背景附着到内容上,即背景随内容一起滚动。

如例 5-15.html,为 background-attachment 的使用。

例 5-15.html

```html
<!doctype html>
<html>
```

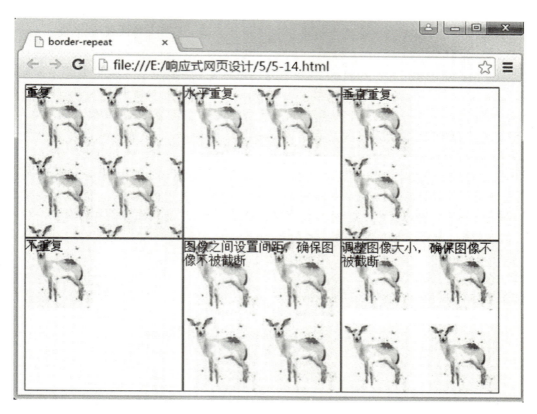

图 5-25

```
<head>
<meta charset = "utf-8">
<title>border-attachment</title>
<style>
        .box{width:200px;height:100px;border:1px solid blue;back-
ground-repeat:repeat;}
        .box1{background-image:url(bj2.png);background-attachment:
scroll;}
        .box2{background-image:url(bj2.png);background-attachment:
fixed;}
        .box3{background-image:url(bj2.png);background-attachment:
local;}
</style>
</head>
<body>
<textarea class = "box box1">
```
男人沟通更像 WiFi,女人沟通更像蓝牙。男人的爱情往往是 WiFi 式的,是一对多的,接入很容易,没有明显的数量限制;
而女人的爱情

是蓝牙式的,是一对一的,接入不容易,需要大量的时间去磨合,并且在配对成功之后,也具有明显的排他特征,即女人往往是在结束了一段恋情以后,才会去再次开始一段新的恋情。</textarea>

　　<textarea class = "box box2">男人沟通更像WiFi,女人沟通更像蓝牙。男人的爱情往往是WiFi式的,是一对多的,接入很容易,没有明显的数量限制;
而女人的爱情是蓝牙式的,是一对一的,接入不容易,需要大量的时间去磨合,并且在配对成功之后,也具有明显的排他特征,即女人往往是在结束了一段恋情以后,才会去再次开始一段新的恋情。</textarea>

　　<textarea class = "box box3">男人的爱情往往是WiFi式的,是一对多的,接入很容易,没有明显的数量限制;而女人的爱情是蓝牙式的,是一对一的,接入不容易,需要大量的时间去磨合,并且在配对成功之后,也具有明显的排他特征,即女人往往是在结束了一段恋情以后,才会去再次开始一段新的恋情。</textarea>

　　</body>

　　</html>

运行例5-15.html,效果如图5-26所示。

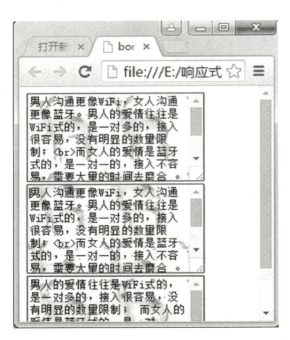

图5-26

5.3.5　background-position（背景定位）

background-position属性用于设定背景图像的位置。其基本格式如下:

{background-position:属性值;}

属性值参数及作用如表5-1所示。

表5-1 背景定位属性值参数及作用

属性值	作用
center	水平居中
center center	水平垂直居中
top left	将背景图像定位到顶端居左
top center	将背景图像定位到顶端居中
top right	将背景图像定位到顶端居右
center left	将背景图像定位到左侧水平居中
center right	将背景图像定位到右侧水平居中
bottom left	将背景图像定位到底侧水平居左
bottom center	将背景图像定位到底侧水平居中
bottom right	将背景图像定位到底侧水平居右
x y	将背景图像定位到 x y 指定的位置

如例5-16.html，为 background-position 的使用。

例5-16.html

```
<!doctype html>
<html>
<head>
<meta charset="utf-8">
<title>border-position</title>
<style>
    .box{width:100px;height:100px;border:1px solid blue;background-image:url(bj3.png);background-repeat:no-repeat;float:left;}
    .box1{background-position:top left;}
    .box2{background-position:top center;}
    .box3{background-position:top right;}
    .box4{background-position:center left;}
    .box5{background-position:center center;}
    .box6{background-position:center right;}
    .box7{background-position:bottom left;}
    .box8{background-position:bottom center;}
    .box9{background-position:bottom right;}
    .box10{background-position:10px 20px;}
</style>
</head>
```

```
<body>
<div class = "box box1"></div>
<div class = "box box2"></div>
<div class = "box box3"></div>
<div class = "box box4"></div>
<div class = "box box5"></div>
<div class = "box box6"></div>
<div class = "box box7"></div>
<div class = "box box8"></div>
<div class = "box box9"></div>
<div class = "box box10"></div>
</body>
</html>
```

运行例 5-16.html，效果如图 5-27 所示。

图 5-27

5.3.6 background-size（背景大小）

background-size 属性用于设定背景图像的大小。其基本格式如下：

{background-size:auto | length | percentage | cover | contain}

上述各参数的含义如下：

auto 是默认值，表示背景图像保持原有宽度和高度。

length 是由数字和单位标识符组成的长度值，不可为负值。

percentage 表示百分值，为 0~100% 之间的任何值，不可为负值。

cover 表示保持背景图像本身的宽高比例，将图片缩放到正好完全覆盖所定义的背景区域。

contain 表示保持背景图像本身的宽高比例，将图片缩放到宽度或高度正好适应所定义的背景区域。

如例 5-17.html，为 background-size 的使用。

例 5-17.html

```
<!doctype html>
<html>
<head>
<meta charset="utf-8">
<title>background-size</title>
<style>
        .box{width:100px;height:100px;border:1px solid blue;background-image:url(bj3.png);background-repeat:no-repeat;float:left;margin:5px;}
        .box1{background-size:auto;}
        .box2{background-size:100px;}
        .box3{background-size:50%;}
        .box4{background-size:cover;}
        .box5{background-size:contain;}
</style>
</head>
<body>
<div class="box box1"></div>
<div class="box box2"></div>
<div class="box box3"></div>
<div class="box box4"></div>
<div class="box box5"></div>
</body>
</html>
```

运行例 5-17.html，效果如图 5-28 所示。

5.3.7 background-origin（背景显示开始位置）

background-origin 属性用于设定背景显示的开始位置。其基本格式如下：

{background-origin:border-box | padding-box | content-box;}

上述各参数的含义如下：

border-box 是默认值，表示从边框盒子区域开始显示背景。

padding-box 表示从内边距盒子区域开始显示背景。

图 5 – 28

content-box 表示从内容区域开始显示背景。

注意，background-position 属性总是以元素的左上角为坐标点进行图像定位，这是两者的区别。另外，使用 background-origin 时，要设置 background-repeat 为 no-repeat，否则此属性无效。

如例 5 – 18. html，为 background-origin 的使用。

例 5 – 18. html

```
<!doctype html>
<html>
<head>
<meta charset = "utf-8">
<title>background-origin</title>
<style>
        .box{width:100px;height:100px;
            background-image:url(bj3.png);
            margin:10px;
            padding:10px;
            float:left;
            border:10px dashed green;
            background-repeat:no-repeat;
            }
        .box1{background-origin:border-box;}
        .box2{background-origin:padding-box;}
        .box3{background-origin:content-box;}
</style>
</head>
<body>
```

```
< div class = "box box1" > </div >
< div class = "box box2" > </div >
< div class = "box box3" > </div >
</body >
</html >
```
运行例 5 – 18. html，效果如图 5 – 29 所示。

图 5 – 29

5.3.8　background-clip（背景裁剪）

background-clip 属性用来设定背景的裁剪区域。其基本格式如下：
{background-clip:border-box | padding-box | content-box;}
上述各参数的含义如下：
border-box 是默认值，表示从盒子内部裁剪背景。
padding-box 表示从内边距盒子内部裁剪背景。
content-box 表示从内容盒子内部裁剪背景。
如例 5 – 19. html，为 background-clip 的使用。
例 5 – 19. html
```
<!doctype html >
< html >
< head >
< meta charset = "utf-8" >
< title >background-clip </title >
< style >
            .box {width:100px;height:100px;
                background-image:url(bj3.png);
                margin:10px;padding:10px;
                float:left;
                border:10px dashed green;
```

```
                    }
                    .box1{background-clip:border-box;}
                    .box2{background-clip:padding-box;}
                    .box3{background-clip:content-box;}
            </style>
</head>
<body>
<div class = "box box1"></div>
<div class = "box box2"></div>
<div class = "box box3"></div>
</body>
</html>
```

运行例 5-19.html，效果如图 5-30 所示。

图 5-30

5.3.9 background（背景复合）

使用 background 简写属性可以在一条声明中设置所有的背景值。其基本格式如下：

{background: background-color background-image background-position background-attachment background-position background-size background-origin background-clip}

其中的属性顺序自由并且可以省略，对于省略的值，浏览器会用默认值代替。

如例 5-20.html，为 background 的使用。

例 5-20.html

```
<!doctype html>
<html>
<head>
<meta charset = "utf-8">
```

```
<title>background-clip</title>
<style>
        body{background:#CCC url(bj1.png)no-repeat;}
</style>
</head>
<body>
</body>
</html>
```

例子中属性设置等同于以下几个属性：

background-color:#ccc;
background-image:url(bj1.png);
background-repeat:no-repeat;

习题与实践

一、选择题

1. 下列哪个 CSS 属性可以更改样式表的字体颜色？（   ）
   A. text-color   B. fgcolor：   C. text-color：   D. color：
2. 下列选项中属于 CSS 行高属性的是（   ）。
   A. font-size   B. text-transform   C. text-align   D. line-height
3. 下列哪个 css 属性能够设置文本加粗？（   ）
   A. font-weight：bold   B. style：bold   C. font：b   D. font＝
4. 下列哪个 css 属性能够设置盒子模型的内边距为 10、20、30、40（顺时针方向）？（   ）
   A. padding：10px 20px 30px 40px   B. padding：10px 1px
   C. padding：5px 20px 10px   D. padding：10px
5. CSS 中，盒子模型的属性包括（   ）。
   A. font   B. margin   C. padding
   D. visible   E. border
6. 边框的样式可以包含的值有（   ）。
   A. 粗细   B. 颜色   C. 样式   D. 长短
7. 下面关于 CSS 的说法正确的为（   ）。
   A. CSS 可以控制网页背景图片
   B. margin 属性的属性值可以是百分比
   C. 整个 body 可以作为一个 box
   D. 中文可以使用 word-spacing 属性对字间距进行调整
8. 如何去掉文本超链接的下划线？（   ）
   A. a{text-decoration：no underline}
   B. a{underline：none}

C. a{decoration:no underline}

D. a{text-decoration:none}

9. 定义盒子模型外补丁的时候是否可以使用负值？（　　）

　　A. 是　　　　　　　　B. 否

10. 下列可以作为背景图像 background-origin 属性值的是（　　）。

　　A. border-box　　　　　　　　B. padding-box

　　C. content-box　　　　　　　　D. shadow-box

二、实践题

1. 使用 CSS 样式实现如图 5－31 所示效果。

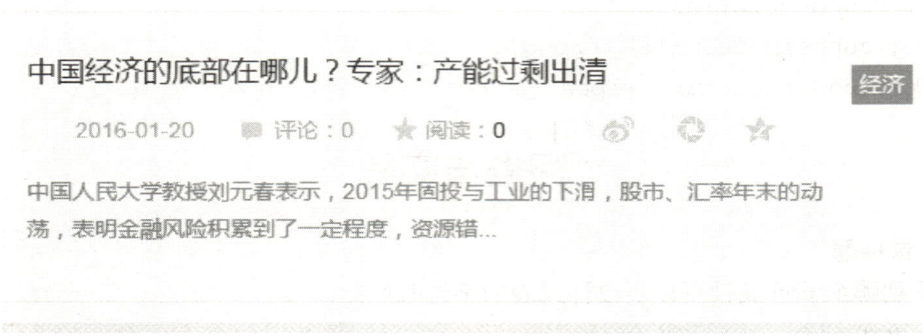

图 5－31

2. 使用 CSS 样式实现如图 5－32 所示效果。

图 5－32

第6章 CSS定位

通过前面几章的学习，我们可以实现对页面中的文本、颜色、背景和其他样式的控制，但如何对页面中的标题、导航、主要内容、页脚等构成元素进行合理编排呢？本章主要介绍利用CSS中的float、clear和position属性实现网页中元素的精确控制。

学习目标

- 掌握元素的浮动与清除；
- 掌握内容溢出的处理；
- 掌握块级元素与行内元素的区别；
- 掌握及熟练使用元素的定位。

6.1 元素浮动与消除

6.1.1 标准文档流

所谓标准文档流是指网页中的元素在没有使用特定定位方式的情况下默认的布局方式。默认情况下，网页中的元素按照各自的特性自上而下、从左到右进行排列。在标准文档流中，如果元素没有指定宽度，盒子则会在水平方向自动伸展，顶到两端，各个盒子会在竖直方向依次排列。

如例6-1.html，为标准文档流。

例6-1.html

```
<!doctype html>
<html>
<head>
<meta charset="utf-8">
<title>标准文档流</title>
<style>
    .box{background:#CCC;border:1px solid blue;margin:10px 0;}
</style>
</head>
<body>
<div class="box">box1</div>
<div class="box">box2</div>
<div class="box">box3</div>
</body>
```

</html>

运行例 6-1.html，效果如图 6-1 所示。

图 6-1

6.1.2 元素浮动

所谓元素浮动就是指设置了浮动属性的元素会脱离标准文档流的控制，移到其父元素中指定位置的过程。在 CSS 中，通过 float 属性来定义浮动，其基本格式如下：

{float:none|left|right;}

其中，none 表示元素不浮动，为默认值；left 表示元素向左浮动；right 表示元素向右浮动。

如例 6-2.html，为 box1 左浮动。

例 6-2.html

```
<!doctype html>
<html>
<head>
<meta charset="utf-8">
<title>box1 左浮动</title>
<style>
        .box{background:#CCC;border:1px solid blue;}
        .box1{float:left;}
</style>
</head>
<body>
<div class="box box1">box1</div>
<div class="box" style="background:red">box2</div>
<div class="box">box3</div>
</body>
</html>
```

运行例 6-2.html，效果如图 6-2 所示。

图 6-2

此时，我们会发现，标准文档流中的 box2 围绕着 box1 排列，同时 box1 的宽度不再延伸，只有能容纳内容的宽度。

同理，分别设置 box2、box3 左浮动的效果，如图 6-3 所示。

图 6-3

同理，分别设置 box1 、box2 、box3 右浮动的效果，如图 6-4 所示。

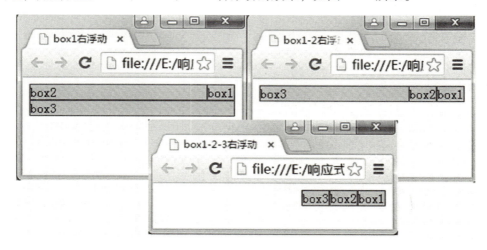

图 6-4

6.1.3 清除浮动

由于浮动元素不再占用原文档流的位置，因此它会对页面中其他元素的排列产生影响。在 CSS 中，clear 属性用于清除浮动元素对其他元素的影响，其基本格式如下：

`{clear:left|right|both;}`

其中，left 表示清除左边浮动的影响，也就是不允许左侧有浮动元素；right 表示清除右边浮动的影响，也就是不允许右侧有浮动元素；both 表示同时清除左右两侧浮动的影响。

要实现如图 6-5 效果，需要用到清除浮动，如例 6-3.html 所示。

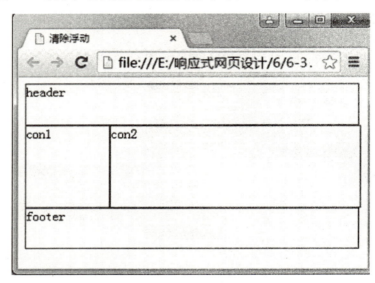

图 6-5

例 6-3.html

```
<!doctype html>
<html>
<head>
<meta charset="utf-8">
<title>清除浮动</title>
<style>
    .box{border:1px solid blue;width:400px;}
    .header{height:50px;}
    .con1{
        width:100px;
        height:100px;
        float:left;
        }
    .con2{
        width:300px;
```

```
                height:100px;
                float:right;
                }
            .footer{
                height:50px;
                clear:both;
                }
        </style>
    </head>
    <body>
    <div>
    <div class = "box header">header</div>
    <div class = "box con1">co1</div>
    <div class = "box con2">con2</div>
    <div class = "box footer">footer</div>
    </div>
    </body>
</html>
```

本例中，盒子 footer 中使用了 clear:both，主要是用来清除盒子 con1 左浮动和盒子 con2 右浮动的影响。

需要注意的是，clear 属性只能清除元素左右两侧浮动的影响，但是在制作网页时，经常会遇到一些特殊的浮动影响。例如，对子元素设置浮动，如果父元素不定义高度，则子元素的浮动会对父元素产生影响，如例 6-4.html 所示。

例 6-4.html

```
<!doctype html>
<html>
<head>
<meta charset = "utf-8">
<title>清除浮动</title>
<style>
            .father{border:1px solid blue;}
            .box1,.box2,.box3{border:1px dotted red;float:left;}
</style>
</head>
<body>
<div class = "father">
<div class = "box1">box1</div>
<div class = "box2">box2</div>
<div class = "box3">box3</div>
```

```
</div >
</body >
</html >
```
运行例6-4.html，效果如图6-6所示。

图6-6

比较方便的解决方法是在box3盒子后面再增加一个空的盒子box4。如例6-5.html所示。

例6-5.html
```
<!doctype html >
<html >
<head >
<meta charset = "utf-8" >
<title >父元素未定义高度</title >
<style >
        .father{border:1px solid blue;}
        .box1,.box2,.box3{border:1px dotted red;float:left;}
        .box4{clear:both;}
</style >
</head >
<body >
<div class = "father" >
<div class = "box1" >box1</div >
<div class = "box2" >box2</div >
<div class = "box3" >box3</div >
<div class = "box4" ></div >
</div >
</body >
</html >
```
运行例6-5.html，效果如图6-7所示。

图 6-7

6.2 内容溢出

当盒子的内容超出盒子自身大小时,内容就会溢出,这时可以通过 overflow 属性来设定盒子的处理方式,其基本格式如下:

{overflow:visible | hidden | auto | scroll;}

其中,visible 为默认值,表示不管是否溢出,都显示内容;hidden 表示如果有溢出的内容,直接剪掉;auto 表示浏览器自行处理溢出的内容,如果有溢出内容,就显示滚动条,否则就不显示滚动条;scroll 表示不管是否溢出,都会出现滚动条。但不同平台和浏览器显示方式不同。

如例 6-6.html,为 overflow 的使用。

例 6-6.html

```
<!doctype html>
<html>
<head>
<meta charset="utf-8">
<title>overflow</title>
<style>
        .box{width:150px;height:100px;border:1px solid blue;margin:20px;float:left;}
        .box1{overflow:visible;}
        .box2{overflow:hidden;}
        .box3{overflow:auto;}
        .box4{overflow:scroll;}
</style>
</head>
<body>
<div class="father">
<div class="box box1">互联网这个江湖,成也互联网,败也互联网。有的从无到有,一夜成长为大型的互联网企业,烜赫一时,也有的昨日风光无限,今日倒闭关门。</div>
```

< div class = "box box2" > 互联网这个江湖,成也互联网,败也互联网。有的从无到有,一夜成长为大型的互联网企业,炬赫一时,也有的昨日风光无限,今日倒闭关门。< /div >
　　　< div class = "box box3" > 互联网这个江湖,成也互联网,败也互联网。有的从无到有,一夜成长为大型的互联网企业,炬赫一时,也有的昨日风光无限,今日倒闭关门。< /div >
　　　< div class = "box box4" > 互联网这个江湖,成也互联网,败也互联网。有的从无到有,一夜成长为大型的互联网企业,炬赫一时,也有的昨日风光无限,今日倒闭关门。< /div >
　　< /div >
　　< /body >
　　< /html >
运行例6-6.html,效果如图6-8所示。

图6-8

6.3　元素显示

6.3.1　元素类型

　　CSS盒子模型中的display属性,可以更改元素本身盒子类型。主要类型有块级元素(区块)、行内元素(内联)和行内-块级元素(内联块)。

　　1. 块级元素

　　块级元素在页面中以区域块的形式出现,其特点是:每个块元素通常都会独立占据一整行或多整行,可以对其进行宽度、高度、对齐等属性设置,常用于网页布局和页面结构的搭建。

　　常见的块元素有 < p > 、< h1 > ~ < h6 > 、< ul > 、< ol > 、< li > 、< dt > 、< dd > 、< div > 等,其中 < div > 标记是最典型的块元素。

　　2. 行内元素

　　行内元素也称内联元素,其特点是:不必从新一行开始,它通常会和前后其他行内元素显示在同一行中，不占有独立的区域，仅仅靠自身内容支撑结构；一般不可以设置大小，常用于控制页面中文本的样式。

常见的行内元素有<b>、<i>、<del>、<u>、<a>、<span>等，其中<span>标记是最典型的行内元素。

3. 行内–块级元素

行内–块级元素通常可以设置大小，但无法隔离其他元素，比如<img>。

6.3.2 元素显示方式

CSS 中，可以通过 display 属性来设定元素的显示方式。其基本格式如下：
{display:block|inline|inline-block|none;}

其中，block 表示设定为块级元素；inline 表示设定为行内元素；inline-block 表示设定为行内–块级元素；none 表示盒子不可见，不占位。

如例 6 – 7. html，为元素显示方式的设定。

例 6 – 7. html

```
<!doctype html>
<html>
<head>
<meta charset = "utf-8">
<title>元素的类型</title>
<style>
        h2{font-size:16px;color:#999;}
        p {font-size:12px;line-height:25px;text-indent:2em;color:
          #999;}
        .span1{color:blue;}
        a:link{text-decoration:none;}
        img{float:left;border:2px double #ccc;margin:0 10px}
</style>
</head>
<body>
<h2>海尔说:互联工厂是"众创定制 产销合一"</h2>
<p>作者：<span class = "span1">屈丽丽</span>|发表时间:12-07-2015<span class = "span1">0</span>条评论</p>
<img src = "he.png">
<p>归根结底,互联网工业的本质是经营逻辑问题,企业应真正以用户为中心,通过搭建共创共赢生态圈实现对用户需求的快速响应,满足用户最佳体验。这也恰恰是海尔"智慧家庭 + 互联工厂"的变革逻辑。......<a href = "#" class = "span1">[阅读全文]</a></p>
</body>
</html>
```

运行例 6-7.html，效果如图 6-9 所示。

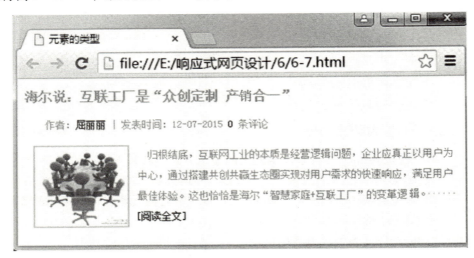

图 6-9

6.4 元素定位

浮动布局虽然灵活，但无法对元素的位置进行精确的控制。在 CSS 中，通过 position 属性可以实现对页面元素的精确定位。其基本格式如下：

{position:static | relative | absolute | fixed}

各参数含义如下：

static 为默认值，该元素按照标准流进行布局；relative 为相对定位，相对于它在原文档流的位置进行定位，后面的盒子仍以标准流方式对待；absolute 为绝对定位，相对于其上一个已经定位的父元素进行定位，绝对定位的盒子从标准流中脱离，对其后兄弟盒子的定位没有影响；fixed 为固定定位，相对于浏览器窗口进行定位。

如例 6-8.html，为三个盒子未定位之前的代码。

例 6-8.html

```
<!doctype html>
<html>
<head>
<meta charset="utf-8">
<title>元素的定位</title>
<style>
        .box{width:100px;height:100px;border:1px dotted blue;}
</style>
</head>
<body>
<div class="box"></div>
```

```
<div class = "box" > </div >
<div class = "box" > </div >
</body >
</html >
```

对第二个盒子分别实施相对定位、绝对定位、固定定位（left、top 各 20px）后效果如图 6 – 10 所示。

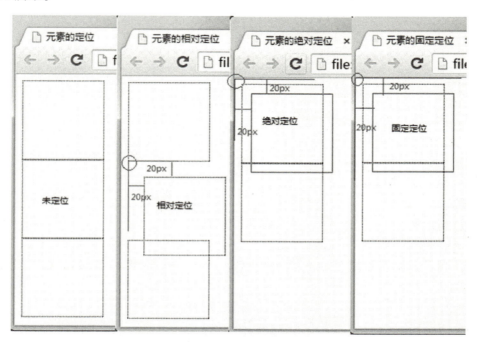

图 6 – 10

我们发现，第二个盒子的绝对定位和固定定位效果相同，这是因为它们的父元素都是 <body> 元素，因此以浏览器窗口为定位点。

如例 6 – 9. html，为父盒子实行相对定位，三个子盒子未定位之前的代码。

例 6 – 9. html

```
<!doctype html >
<html >
<head >
<meta charset = "utf-8" >
<title >元素的固定定位</title >
<style >
        .box {
            width:100px;
            height:100px;
            border:1px dotted blue;
        }
```

```
            .father{
                width:300px;
                height:300px;
                border:1px solid green;
                position:relative;
                left:50px;
                top:50px;
                }
             </style>
</head>
<body>
<div class = "father">
<div class = "box"></div>
<div class = "box"></div>
<div class = "box"></div>
</div>
</body>
</html>
```

对第二盒子分别进行绝对定位、固定定位（left、top 各 50px）之后，效果如图 6-11 所示。

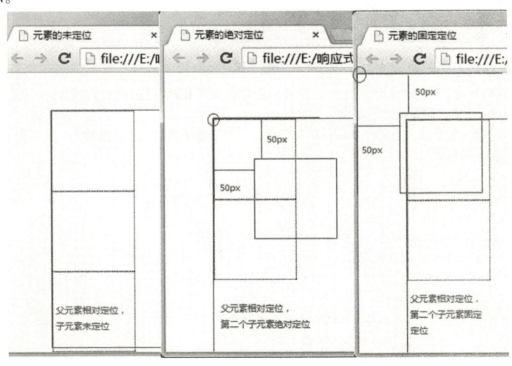

图 6-11

我们发现，中间区域的第二盒子是绝对定位，它依据父元素第一个盒子进行定位；右边区域的第二个盒子是固定定位，它依据浏览器进行定位，因此结果不同。

6.5 阶段案例

案例效果如图 6-12 所示。

图 6-12

1. HTML 代码

```
<!doctype html>
<html>
<head>
    <meta charset="utf-8">
    <title>定位</title>
    <style type="text/css">
    </style>
</head>
<body>
<div class="cont">
<div class="left"><img src="img/s1.jpg"></div>
<div class="right">
<div class="header">
<h2>曼谷-芭提雅6日游</h2>
<h3>包团特惠,超丰富景点,升级1晚国五,无自费,赠送600元成人券...</h3>
</div>
<ol>
<li><span>交通</span>:春秋航空,杭州出发,无需转机</li>
<li><span>团期</span>:11/01、11/03、11/08...</li>
</ol>
<div class="buy">
<div class="price">¥<strong>2864</strong> <s>¥3980</s>
```

```
            </div>
        <div class = "reserve"><a href = "#">立即抢购</a></div>
        </div>
        <div class = "type">出镜长线</div>
        <div class = "disc"><span>6.9折</span></div>
        <footer>本团游由南方旅行社赞助提供,截止于<time>2016-5-10</time>
            </footer>
        </div>
    </div>
</body>
</html>
```

2. CSS 代码分析

如图 6-13 所示,大容器为 cont,left 和 right 区域利用 float(浮动)实现,type、disc、buy 区域利用 position(定位)实现。其 CSS 代码如下:

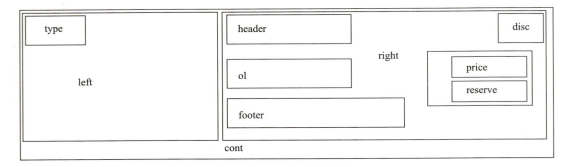

图 6-13

```
* {margin:0;padding:0;list-style:none outside none;}
body{
    background-color:#fff;
    font-family:Helvetica,Arial,"Microsoft Yahei UI","Microsoft Ya-
    Hei","宋体";
    }
.cont{
    width:980px;
    position:relative;
    overflow:hidden;
    border:1px solid #666;
    }
/*left 区域实现*/
.left{
```

```css
            width:300px;
            float:left;
            }
    .left img{
            width:100% ;
            height:auto;
            }
/* right 区域实现*/
.right{
        float:left;
        padding:0 10px;
        }
.right h2{
        font-size:24px;
        color:#333;
        font-weight:normal;
        padding:10px 0 10px 25px;
        }
.right h3{
        font-size:16px;
        color:#666;
        line-height:1.5;
        padding:10px 0 10px 25px;
        }
li span{
        background-color:#fff;
        border:1px solid #458b00;
        border-radius:4px;
        padding:0 5px;
        color:#458b00;
        }
.buy{
        position:absolute;
        top:77px;
        right:-38px;
        width:262px;
}
.buy .price{
            color:#f60;
```

```css
            font-size:20px;
        }
.price strong{
        font-size:36px;
        }
.price s{
        font-size:16px;
        color:#999;
        }
.reserve a{
            display:block;
            width:152px;
            height:40px;
            line-height:40px;
            text-align:center;
            border-radius:4px;
            font-size:20px;
            color:#fff;
            background-color:#f60;
            text-decoration:none;
}
.type{
            width:90px;
            height:25px;
            line-height:25px;
            font-size:14px;
            text-align:center;
            color:#fff;
            background-color:#0C3;
            position:absolute;
            top:0;
            left:0;
        }
ol{
            padding:0 0 0 25px;
            color:#666;
            line-height:2;
}
.disc{
```

```
            position:absolute;
            top:0;
            right:0;
            width:52px;
            height:52px;
            background:url(img/disc.png)no-repeat;
       }
.disc span{
            display:block;
            transform:rotate(45deg);
            width:52px;
            height:52px;
            padding:5px 0 0;
            text-indent:7px;
            font-size:14px;
            color:#ff7a4d;
       }
footer{
            height:30px;
            line-height:30px;
            letter-spacing:1px;
            text-indent:25px;
            background-color:#fafafa;
            color:#666;
       }
footer time{color:#458b00;}
```

习题与实践

一、选择题

1. CSS 中实现左浮动的属性值是（　　）。
   A. left　　　　　　B. right　　　　　　C. none　　　　　　D. center
2. CSS 中清除两端浮动的属性值是（　　）。
   A. left　　　　　　B. right　　　　　　C. none　　　　　　D. both
3. CSS 中 position:fixed 表示（　　）。
   A. 相对于浏览器窗口进行定位
   B. 相对于它在原文档流的位置进行定位
   C. 相对于其上一个已经定位的父元素进行定位
   D. 相对于父元素进行定位

4. CSS 中 display:none 表示（　　）。
   A. 元素不显示，不占用空间　　　B. 元素不显示，占用空间
   C. 元素显示，不占用空间　　　　D. 元素显示，占用空间
5. 下列属于块级元素的是（　　）。
   A. ＜a＞　　　B. ＜b＞　　　C. ＜p＞　　　D. ＜span＞

二、实践题

1. 使用 DIV+CSS 实现如图 6-14 所示效果。

图 6-14

2. 使用 DIV+CSS 实现如图 6-15 所示效果。

图 6-15

第7章 网页布局

随着互联网的发展,越来越多的人通过网络获取自己需要的资讯或者享受网络服务。本章从网站建设的流程讲起,讲述网站规划的任务和原则,网站页面元素的组成,网站页面布局的方法、常用结构和设计原则,最后通过案例讲述 DIV + CSS 企业网站布局。

学习目标

- 了解网站建设流程;
- 掌握网站规划的任务;
- 掌握网站页面的组成;
- 掌握 DIV + CSS 页面布局。

网站建设是一个系统工程,需要考虑建站目的、前后端实现技术、人力、财力等多种因素,因此有必要了解网站建设流程。网站建设流程是指网站制作过程中必须遵循一定的先后顺序,首先进行规划设计,其次实施制作,最后进行发布维护。每个流程又包括若干细节,它们之间有着严格的顺序,如图 7 – 1 所示。

图 7 – 1

7.1 网站规划

网站规划是网站建设的第一步,在网站建设前必须对市场进行分析,确定网站的目的和功能,并根据需要对网站建设中的技术、内容、费用、测试、维护、人员和时间等做出规划。网站规划对网站建设起到计划和指导的作用,对网站的内容和维护起到定位作用,如图 7-2 所示。

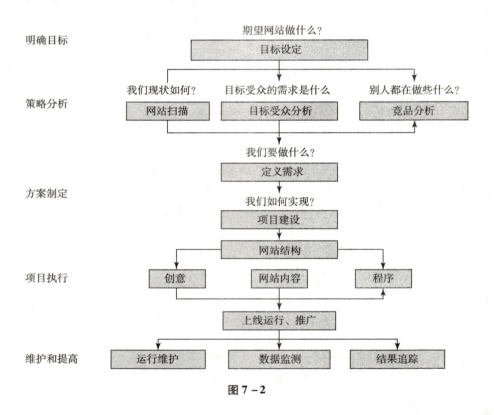

图 7-2

7.1.1 网站规划的任务

网站建设者不但要认识到网站规划的重要性,还要明确网站规划的任务,这样才能对网站进行总体、详尽的规划,做出切实可行的计划。网站规划的任务包括以下几个方面:

(1) 制定网站的发展战略。网站服务于组织管理,其发展战略必须与整个组织的战略目标一致。制定网站的发展战略,首先要调查分析组织的目标和发展战略,评价当前网站的功能、环境和应用状况。在此基础上确定网站的使命,制定网站统一的战略目标及相关政策。

(2) 制定网站的总体方案,安排项目开发计划。在调查分析组织信息需求的基础上,提出网站的总体结构方案。根据发展战略和总体结构方案,确定系统和应用项目开发次序及时间安排。

(3) 制定网站建设的资源分配计划。考虑实现开发计划所需要的硬件、软件、技术人员、资金等，以及整个系统建设的预算，进行可行性分析。

(4) 确定网站内容。网站内容是吸引访问者最重要的因素，根据网站的目的和功能规划网站内容，一般企业网站应包括公司简介、企业新闻、产品介绍、服务内容、价格信息、联系方式等基本内容。在规划网站内容规划时，一定要确定网站栏目数量以及每个栏目的主题。

(5) 确定网页设计方案。根据企业的性质、所处行业和受众人群，明确每一个页面的设计方案，包括版式设计、目录设计、导航设计与风格设计等。实际制作人员取得该方案后，可以快速按照指定的要求进行制作。

(6) 制定运营维护方案。网站制作完成后，对网站运营方案、维护计划、安全管理等进行统一的规划，这是网站规划中不可缺少的一部分。

网站规划阶段是一个管理决策过程，是管理与技术结合的过程。规划人员对管理和技术发展的见识、开创精神、务实态度是网站规划成功的关键因素。

7.1.2 网站规划的原则

网站规划既有战略性的内容，也包含战术性的内容，战术是为战略服务的，网站规划应站在企业战略的高度来考虑。网站规划是网站建设的基础和指导纲领，决定了一个网站的发展方向，同时对网站推广也具有指导意义，因此网站规划应遵循一定的原则：

(1) 支持企业的总目标。企业的战略目标是规划的出发点，网站规划应从企业目标出发，分析企业管理的信息需求，逐步导出网站的战略目标和总体结构。

(2) 整体上着眼于高层管理，兼顾各管理层的要求。

(3) 摆脱商务系统对组织机构的依从性。对企业业务流程的了解往往从现行组织机构入手，但只有摆脱对它的依从性，才能提高商务系统的应变能力。

(4) 使系统结构有良好的整体性。网站的规划和实现的过程是一个"自顶向下规划、自底向上实现"的过程。采用自上而下的规划方法，可以保证系统结构的完整性和信息的一致性。

(5) 便于实施。规划应给后续工作提供指导，要便于实施。方案选择应追求实效、经济、简单、易于实施；技术手段强调实用，不片面求新。

7.2 网站页面元素

网站（Website）是指在因特网上，根据一定的规则，使用 HTML 等语言制作的用于展示特定内容的相关网页的集合。网页是构成网站的基本元素，是承载各种网站的平台。因此网页内容直接决定用户访问网站的频率，只有内容充实而且实用，才能使网站被客户接受并长期使用，从而有效地实施企业网络营销活动。

网页内容包括基本内容和特殊内容，如图7-3所示。基本内容包括文字、图像、声音、视频、动画等，它们是网页组成的基本元素。除了这些基本元素外，网页还包括以下特殊内容。

图 7-3

1. 网站 logo（标识）

网站 logo 是一个站点的象征，也是一个站点是否正规的标志之一。一个好的 logo 可以较好地树立公司形象，网站 logo 一般放在网站的左上角。

2. 网站 banner（横幅广告）

banner 是一种网络广告形式，banner 一般放在网页的顶部，在用户浏览网页信息的同时，吸引用户对广告信息的关注。

3. 导航栏

导航栏是网页设计中的重要部分，同时也是整个网站设计中一个比较独立的部分。一般来说网站中的导航栏在各个页面中出现的位置是比较固定的，风格也比较一致。导航栏在整个页面中起着举足轻重的作用。

4. 页眉

页眉位于页面的上方，通常放置用户注册和登录的表单。

5. 内容版块

内容是网页的主体，也是网页的灵魂。为了便于内容的组织和管理，可以再划分栏目板块。

6. 页脚

页脚位于页面的下方，一般放置网站的版权信息、联系方式等。

7.3 网页布局设计

精确的布局、美观的页面、规范的版式，会给人留下良好的印象，一个好的网页不仅内容丰富，而且结构合理。

7.3.1 页面布局方法

网页布局方法很多，根据是否利用软件辅助可分为手绘布局和软件绘图布局。通常布局方法有以下几种：

1. 表格布局

表格布局的优势在于网页整体显示清晰，有层次；便于对网页布局进行修改；方便管理网页内容。表格布局的缺点是当用了过多表格时，页面加载速度受到影响。

2. DIV + CSS 布局

DIV + CSS 的特点是能将网页的内容和表现形式分离，修改布局不影响内容，它的优势在于易于修改布局，减少网页加载时间，利于搜索引擎蜘蛛爬行。其缺点是对初学者来说有点复杂。

3. Flexbox 布局

Flexbox 布局（弹性布局）提供的是可伸缩的、有弹性的、可改变视觉顺序的智能盒子。它通过 CSS 布局让容器总是处于垂直水平居中的位置。Flexbox 布局的主要特点是能够修改其子元素（Flex item）的宽度或高度，使其在不同的屏幕尺寸中填补可用的空间。它最大的优点是让开发人员使用更少的代码，以更简单的方式实现复杂的布局，使整个开发过程更为简单。Flexbox 布局基于水平或垂直的块或行内元素来布局，常用于小的应用程序组件之中。

4. Grid 布局

Grid 布局（网格布局）可以将应用程序分割成不同的空间，或者定义他们的大小、位置以及层级。Grid 布局可以根据元素按列或行对齐排列，但和表格布局不同，网格布局没有内容结构。结合 CSS 的媒体查询属性，可以控制 Grid 布局容器和其子元素，根据不同设备和可用空间可调整元素的显示风格与定位，而不需要改变文档结构。Grid 布局常应用于大规模的布局之中。

7.3.2 网页的常用布局结构

1. "国"字形布局

"国"字形布局也称同型布局,是一些大型网站喜欢使用的布局类型。最上面是网站的标题以及横幅广告条,接下来是网站的主要内容,左右分别列一些小条内容,中间是主要部分,与左右一起罗列到底,最下方是网站的一些基本信息、联系方式、版权声明等。这种布局通常用于主页的设计,其主要优点是页面容纳内容多,信息量大,如图7-4所示。

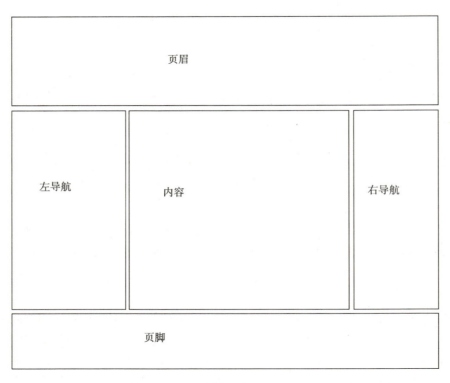

图 7-4

2. "T"结构布局

所谓"T"结构,就是指页面顶部为横条网站标志+广告条,下方左边为主菜单,右边显示内容的布局,整体效果类似英文字母"T",所以称之为"T"结构布局,如图7-5所示。这是网页设计中用得最广泛的一种布局方式。这种布局的优点是页面结构清晰,主次分明,是初学者最容易上手的布局方法;缺点是规矩呆板,如果不注意细节色彩,很容易让人"看之无味"。

3. "三"字形布局

"三"字形布局的特点是在页面上有横向两条或多条色块,将页面分割为三部分或更多,每一部分放置相应内容,如图7-6所示。

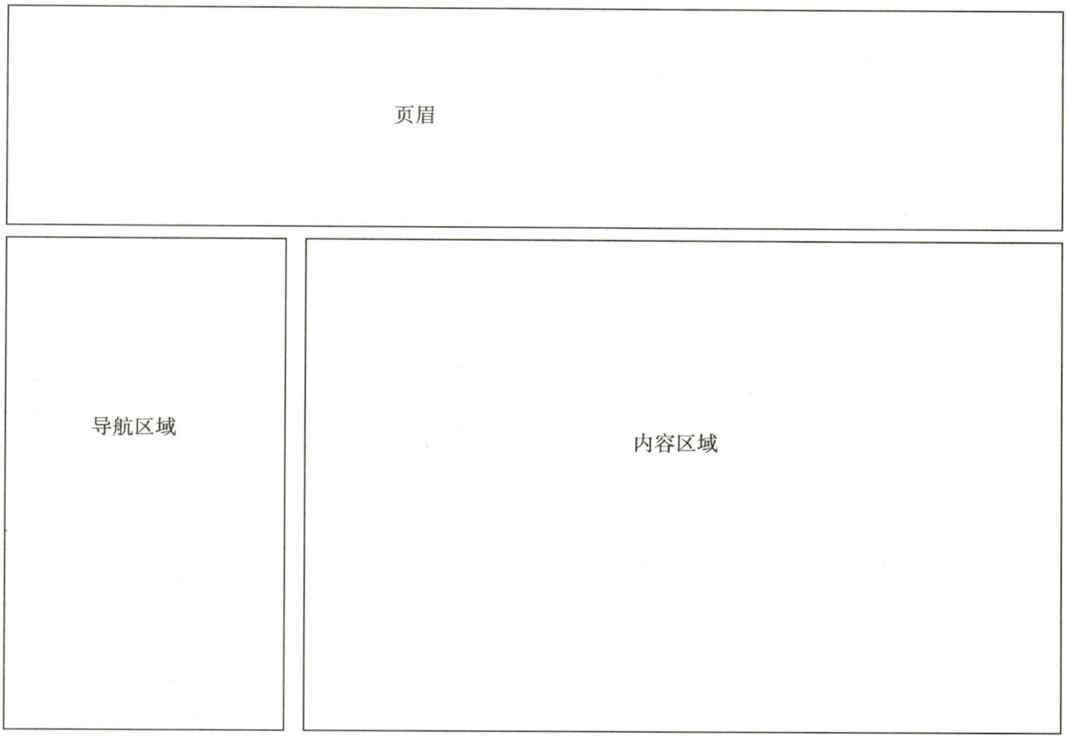

```
┌─────────────────────────────────────────┐
│                                         │
│                 页眉                     │
│                                         │
└─────────────────────────────────────────┘
┌──────────┐  ┌───────────────────────────┐
│          │  │                           │
│          │  │                           │
│  导航区域  │  │         内容区域           │
│          │  │                           │
│          │  │                           │
└──────────┘  └───────────────────────────┘
```

图 7 - 5

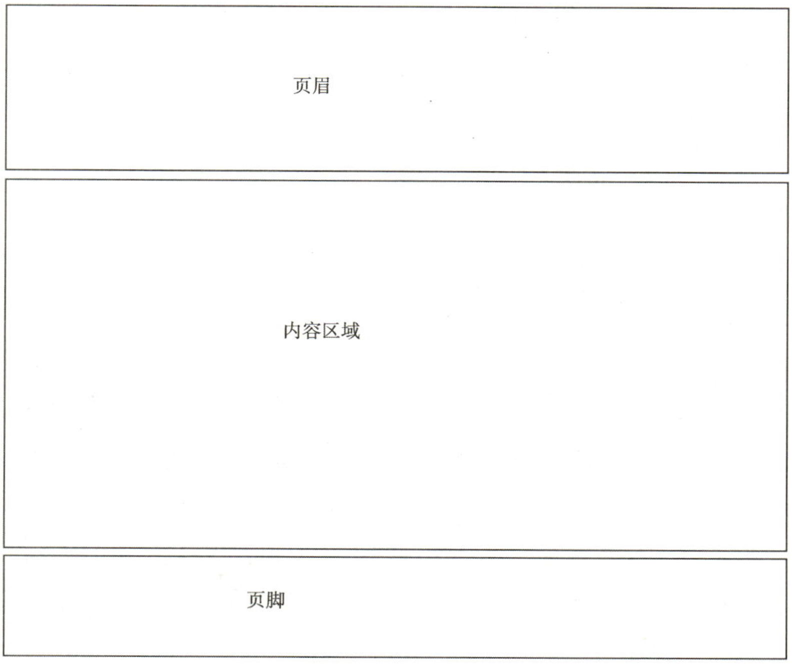

```
┌─────────────────────────────────────────┐
│                 页眉                     │
└─────────────────────────────────────────┘
┌─────────────────────────────────────────┐
│                                         │
│                                         │
│                内容区域                   │
│                                         │
│                                         │
└─────────────────────────────────────────┘
┌─────────────────────────────────────────┐
│                 页脚                     │
└─────────────────────────────────────────┘
```

图 7 - 6

4. "口"字形布局

这是一个象形的说法，就是页面一般上下各有一个广告条，左边是主菜单，右边是友情链接等，中间是主要内容，如图7-7所示。这种布局的优点是充分利用版面，信息量大；缺点是页面拥挤，不够灵活。

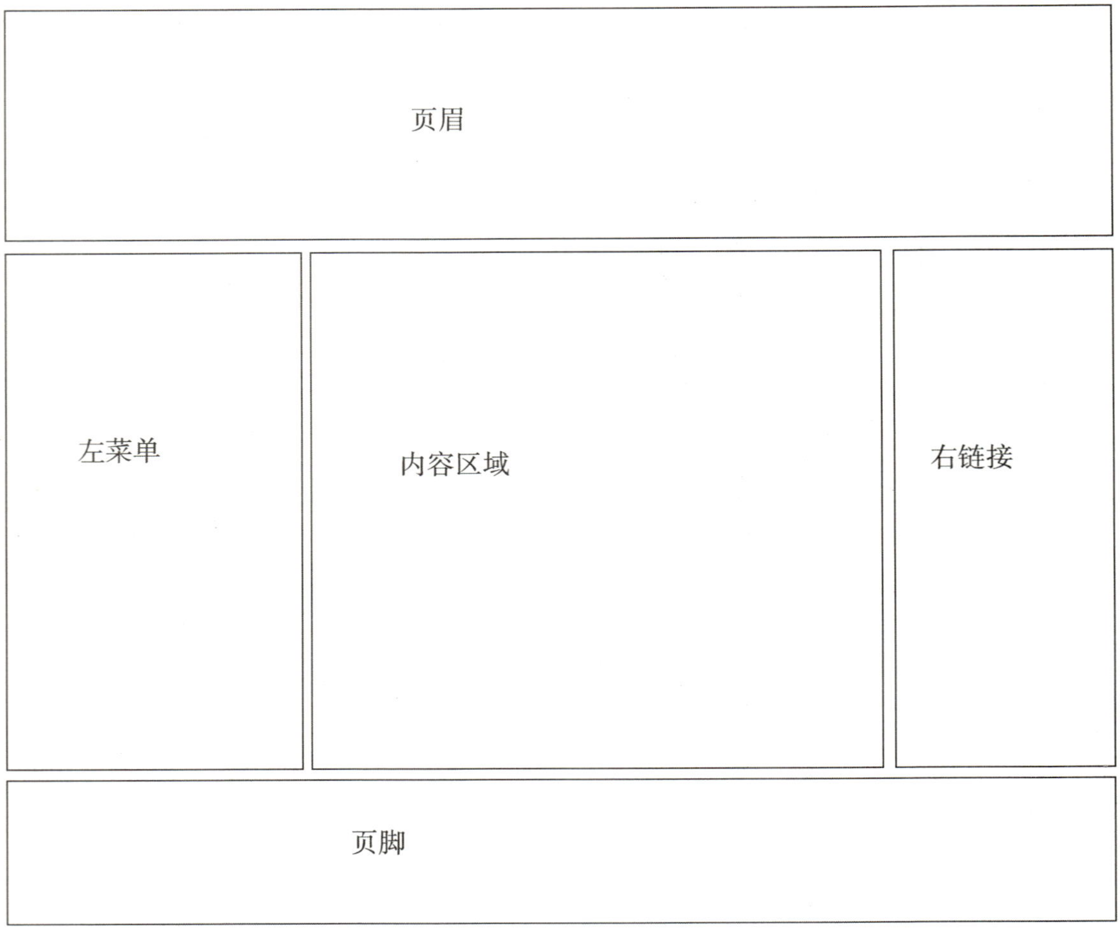

页眉		
左菜单	内容区域	右链接
页脚		

图 7-7

5. 对称对比布局

顾名思义，采取左右或者上下对称的布局，一半深色一半浅色，一般用于设计型网站，如图7-8所示。优点是视觉冲击力强，缺点是很难将两部分有机地结合起来。

6. POP 布局

POP引自广告术语，就是指页面布局像一张宣传海报，以一张精美图片作为页面的设计中心。常用于时尚类、服装类、艺术类和个人网站，如图7-9所示。优点是漂亮吸引人，缺点是速度慢。作为版面布局，值得借鉴。

图 7-8

图 7-9

7.3.3 网页布局设计原则

网页布局设计过程中,要做到整体结构简洁大方、内容主次分明、条理清晰、风格统一,还要考虑以下几方面:

1. 平衡性

文字、图像等元素的空间占用上分布均匀。色彩的平衡,要给人一种协调的感觉。

2. 对称性

对称是一种美,但过度对称就会给人一种呆板、死气沉沉的感觉,因此要适当地打破对称,制造一点变化。

3. 对比性

让不同的形态、色彩等元素相互对比,形成鲜明的视觉效果。例如黑白对比,圆形与方形对比等,往往能够产生富有变化的效果。

4. 疏密度

网页要做到疏密有度,即平常所说的"密不透风,疏可跑马"。整个网页不要一种样式,要适当进行留白,运用空格,改变行间距、字间距等,制造一些变化的效果。

5. 比例

比例适当,这在布局当中非常重要,虽然不一定都要做到黄金分割,但比例一定要协调。

7.4 项目实践

前面章节已经讲述了 HTML 相关标记、CSS 样式属性、CSS 布局和排版,本节将运用前面所学知识开发一个企业网站首页,其效果如图 7-10 所示。

图 7-10

7.4.1 准备工作

1. 建立站点

一个网站通常由 html 文件、图片、CSS 样式表、JavaScript 等文件组成，为了方便管理网站文件，通常要建立一个站点，建立站点就是定义一个存放网站中相关文件的文件夹。通常在该文件夹下建立 css、images、js 文件夹和相应的 html 文件，以方便存放和管理文件。

打开 Dreamweaver CS6，在菜单栏中选择【站点】|【新建站点】选项，在弹出的窗口中输入站点名称并选择站点根目录的存储位置，如图 7-11 所示。

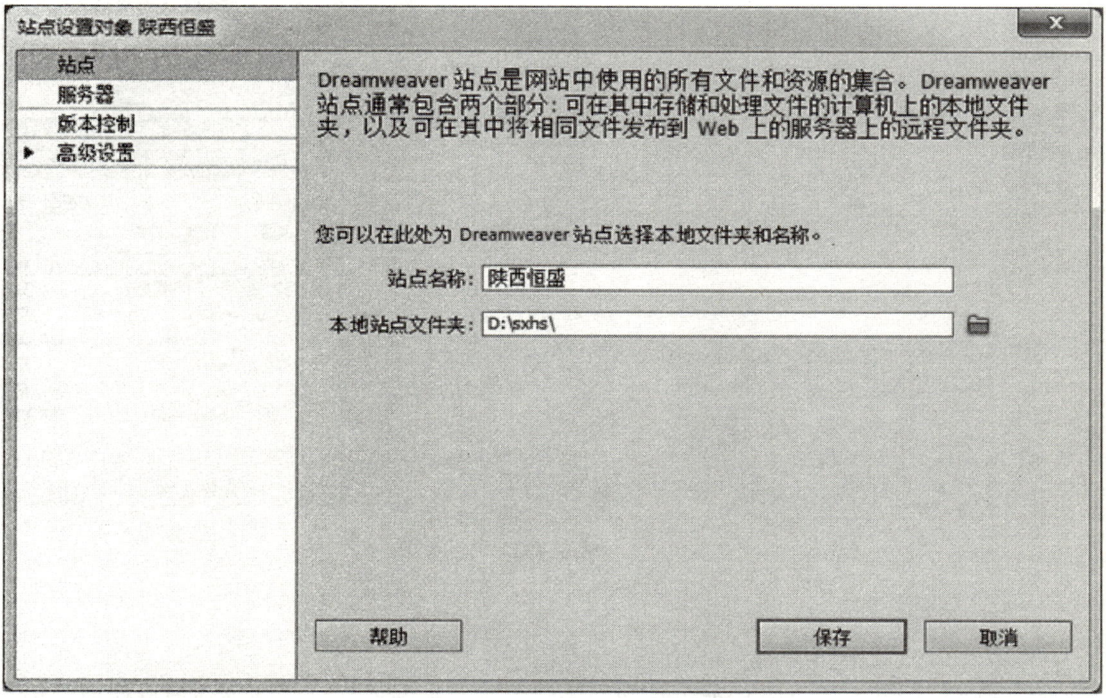

图 7-11

完成建站后，在相应文件夹下建立 index.html 网页文件和 style.css 文件，如图 7-12 所示。

2. 效果图分析

设计师依据网站的目标及定位，设计出首页效果图。通过分析效果图，我们可以采用"三"字形布局结构，其基本结构如图 7-13 所示。

图 7-12

3. 切片

在 Photoshop 或 Fireworks 中的设计图并不能直接转为网页，设计师必须根据情况，把设计图中有用的部分剪切下来作为网页制作时的素材，这个过程被称为"切片"。"切片"的基本原则：一是方便将来编写代码，二是尽可能减少最终页面文件的大小。常用的切片工具有 Photoshop 和 Fireworks。基本步骤如下：

第一步：选择切片工具。

打开 Photoshop 软件，选择工具箱中的"切片"工具，如图 7-14 所示。

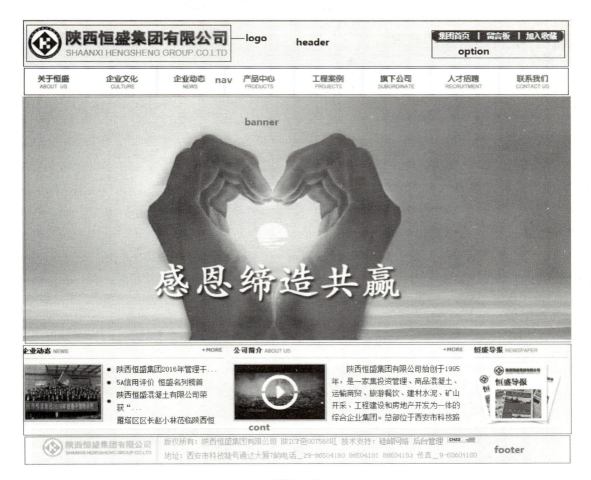

图 7-13

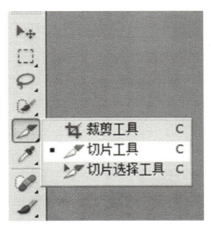

图 7-14

第二步：绘制切片区域。

拖动鼠标左键，根据需要在图像上绘制切片区域，如图 7-15 所示。

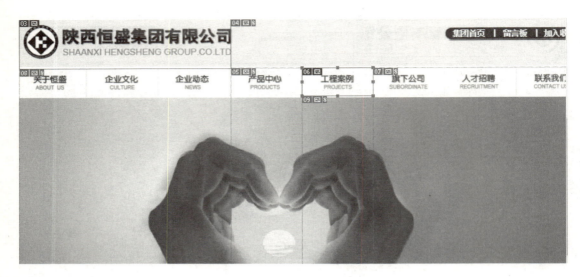

图 7–15

第三步：导出切片。

绘制完成后，在菜单栏上选择【文件】|【存储为 Web 所用格式】|【保存】，在弹出的对话框中选择保存位置、文件名和切片类型，如图 7–16 所示。

图 7–16

第四步：存储图片。

导出后的图片存储在站点根目录的"images"文件夹下，使用同样的方法把所需要的图片保存到该文件夹下。

7.4.2 制作页面头部

页面头部由 logo 和 option 两部分组成，效果如图 7-17 所示。

图 7-17

1. 头部 HTML 代码

```
<header>
<div class="center">
<div class="logo"></div>
<div class="option">
              <a href="#">集团首页</a><span class="xian">|</span>
              <a href="#">留言板</a><span class="xian">|</span>
              <a href="#">加入收藏</a>
</div>
</div>
</header>
```

2. CSS 代码

```
header{
    width:100%;
    height:100px;
    background:#f0f0f0;
}
header.center{
    width:970px;
    margin:0 auto;
}
.logo{
    width:372px;
    height:88px;
    background:blue url(../images/index_02.jpg)no-repeat;
    float:left;
```

```
}
.option{
    background:url(../images/index_06.jpg);
    width:250px;
    height:22px;
    float:right;
    text-align:center;
    margin-right:50px;
    margin-top:15px;
}
.option a{
    padding:0 10px;
    line-height:22px;
    }
.option a:link,.option a:visited{
    color:#fff;
    text-decoration:none;
    font-weight:bold;
}
.xian{
   color:#fff;
font-size:12px;
   font-weight:bold;
}
```

7.4.3 制作导航区域

导航区域页面效果如图7-18所示。

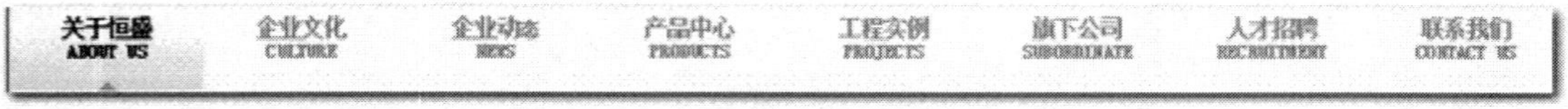

图7-18

1. HTML 代码

```
<div class="nav">
<div class="center">
<ul>
<liclass="active"><a href="#"><span id="font1">关于恒盛</span>
                              <br>
                              <span id="foot2">ABOUT US
```

```
                        </span></a>
                </li>
<li><a href="#"><span id="font1">企业文化</span><br>
                <span id="foot2">CULTURE</span>
                </a>
                </li>
<li><a href="#"><span id="font1">企业动态</span><br>
                <span id="foot2">NEWS</span>
                </a>
                </li>
<li><a href="#"><span id="font1">产品中心</span><br>
                <span id="foot2">PRODUCTS</span></a>
                </li>
<li><a href="#"><span id="font1">工程实例</span><br>
                <span id="foot2">PROJECTS</span></a>
                </li>
<li><a href="#"><span id="font1">旗下公司</span><br>
                <span id="foot2">SUBORDINATE</span></a>
                </li>
<li><a href="#"><span id="font1">人才招聘</span><br>
                <span id="foot2">RECRUITMENT</span></a>
                </li>
<li><a href="#"><span id="font1">联系我们</span><br>
                <span id="foot2">CONTACT US</span></a>
                </li>
</ul>
</div>
</div>
```

2. CSS 代码

```css
.nav{width:100%;}
.nav.center{
        margin:0 auto;
        width:970px;
        height:50px;
        padding-top:5px;
}
.nav ul{
    width:970px;
    height:70x;
```

```css
}
.nav ul li{
    width:120px;
    height:49px;
    float:left;
    list-style-type:none;
    font-size:18px;
    text-align:center;
}
    .nav ul li a{
        display:block;
        font-weight:bold;color:#999;
    }
.nav.active a,.nav ul li a:hover{
    color:#009;
    background:url(../images/navbj.gif) center no-repeat;
    width:120px;
    height:49px;
}
```

7.4.4 制作 banner 区域

banner 区域效果如图 7-19 所示。

图 7-19

1. HTML 代码

```html
<div class="ban"></div>
```

2. CSS 代码

```
.ban{
    width:100%;
    height:447px;
    background:url(../images/1.jpg) center no-repeat;
}
```

7.4.5 制作 cont 区域

cont 区域效果如图 7-20 所示，该区域由 left、center、right 三部分组成。

图 7-20

1. left 区域 HTML 代码

```
<div class="cont">
    <div class="left">
<h3><a href="#">企业动态<span id="font2">NEWS</span><img
        src="images/index_27.jpg"></a></h3>
<dl>
<tt><img src="images/1454031592.jpg" width="150px" height="150px"></tt>
<td>
<ul>
<li><a href="#">雁塔区区长赵小林莅临陕西恒盛...</a></li>
<li><a href="#">里程二十年 感恩二十年——陕...</a></li>
<li><a href="#">创建花园式生产区 营造绿色...</a></li>
<li><a href="#">陕西恒盛混凝土有限公司荣获2...</a></li>
<li><a href="#">王武锁为西安翻译学院大学生作..</a></li>
</ul>
</td>
</dl>
</div>
……<!--center 和 right 区域代码-->
</div>
```

2. left 区域 CSS 代码

```css
.cont{
    margin:0 auto;
    width:970px;
    height:200px;
}
.left{
    float:left;
    width:370px;
}

.left h3{
    border-bottom:1px solid #333;
    height:20px;
    line-height:20px;
    margin:10px 2px;
    color:blue;
    font-size:14px;
}
.left h3 img{
    float:right;
    padding-right:10px;
    position:relative;
    top:5px;
}
.left h3 a{
        color:#00f;
        }
.left h3 span{
        color:#666;
        padding-left:10px;
    }
.left tt{
    width:150px;
    float:left;
}
.left tt img{
    width:150px;
    height:150px;
```

```css
        padding:2px;
        border:1px solid #CCC;
    }
.left ul{
    width:200px;
    float:left;
    margin-left:20px;
    list-style-type:none;
    }
.left ul li{
    background:url(../images/index_39.jpg)no-repeat left center;
    padding-left:15px;
    height:30px;
    line-height:30px;
    overflow:hidden;
}
.left ul li a:hover{color:#f00;}
```

3. center 区域 HTML 代码

```html
<div class="center">
<h3><a href="#">公司简介<span id="font2">ABOUT US</span><img
        src="images/Index_27.jpg"></a>
    </h3>
<dl>
<tt><img src="images/2.jpg" width="150px" height="150px"></tt>
<p>陕西恒盛集团有限公司始创于 1995 年,是一家集投资管理、商品混凝土、运输商
    贸、旅游餐饮、建材水泥、矿山开采、工程建设和房地产开发为一体的综合企业集
    团。总部位于西安市科技路 10 号通达…
    </p>
</dl>
</div>
```

4. center 区域 CSS 代码

```css
.center{
    float:left;
    width:370px;
    }
.center h3{
        border-bottom:1px solid #333;
        height:20px;
```

```css
        line-height:20px;
        margin:10px 2px;
        color:blue;
        font-size:14px;
        }
.center h3 img{
    float:right;
    padding-right:10px;
    position:relative;
    top:5px;
    }
.center h3 a{color:#00f;}
.center h3 span{
        color:#666;
        padding-left:10px;
}
.center tt{
    width:150px;
    float:left;
.center tt img{
    width:150px;
    height:150px;
    padding:2px;
    border:1px solid #CCC;
    }
.center p{
        padding-left:15px;
        height:130px;
        line-height:20px;
        overflow:hidden;
        padding-right:5px;
        color:#333;
}
```

5. right 区域 HTML 代码

```html
<div class="right">
<h3><a href="#">恒盛报导<span id="font2">NEWSPAPER</span></a></h3>
<img src="images/index_31.jpg">
</div>
```

6. right 区域 CSS 代码

```css
.right{
    float:left;
    width:200px;
    height:200px;
    }
.right h3{
        border-bottom:1px solid #333;
    height:20px;
    line-height:20px;
    margin:10px 2px;
    color:blue;
    font-size:14px;
    }
.right h3 a{
        color:#00f;
        }
.right h3 span{
         color:#666;
         padding-left:10px;
}
```

7.4.6 制作 footer 区域

footer 区域效果如图 7-21 所示。

图 7-21

1. HTML 代码

```html
<footer>
<img src="images/index_56.jpg">
<div class="copyright">
        <p>版权所有:陕西恒盛集团有限公司 陕 ICP 仓 007568 叮 技
        术支持:
            <a href="#">硅峰网络</a><a href="#">后台管
            理</a>
</p>
```

```
<p>地址:西安市科技跋号通达大厦7屿电话_29-88604180 88604181 88604183
   传真_9-88604180</p>
      </div>
  </footer>
```

2. CSS 代码

```
footer{
    margin:0 auto;
    width:970px;
    height:100px;
    padding:10px 0 0
    }
footer img{
    float:left;
}
footer .copyright{
     float:left;
}
footer.copyright{
     line-height:2
}
```

习题与实践

一、选择题

1. 网站建设基本流程是（　　）。
   A. 规划、设计、制作、发布、维护
   B. 设计、规划、制作、发布、维护
   C. 规划、设计、制作、维护、发布
   D. 设计、规划、发布、制作、维护
2. 下列哪项不是网页组成的基本元素？（　　）
   A. 文本　　　　　　　　　　　B. 图像
   C. 超链接　　　　　　　　　　D. Flash
3. 常用于时尚类、艺术类网站布局结构的是（　　）。
   A. "国"字形布局　　　　　　　B. "三"字形布局
   C. "T"结构布局　　　　　　　D. POP 布局
4. Dreamweaver CS6 中建立的站点对应（　　）。
   A. 文件　　　　　　　　　　　B. 文件夹
   C. 图像　　　　　　　　　　　D. 超链接
5. Photoshop 中切片工具可存储的图像格式有（　　）。

A. .bmp B. .jpg
C. .gif D. .png

二、实践题

1. 制作如图7-22所示的页面。

图7-22

2. 制作如图 7-23 所示的页面。

图 7-23

第 8 章 响应式网页设计

随着移动设备和 Web 技术的迅猛发展，跨端的 Web 开发需求将会越来越多。那么如何在多种设备上进行跨端的界面适配呢？本章主要介绍响应式网页设计的基本概念、CSS3 媒体查询模块、响应式网页设计的实现过程。

学习目标

- 了解响应式网页设计的基本概念；
- 掌握 CSS3 媒体查询；
- 掌握响应式网页设计的实现过程。

8.1 响应式网页设计基础

8.1.1 响应式网页设计的基本概念

随着移动技术的迅速普及和发展，越来越多的人通过不同设备来浏览网页，为了便于使用不同设备的用户访问，经常需要针对不同设备进行不同的网页设计，不但费时费力，而且不同界面容易造成用户体验的不一致。2010 年 5 月伊桑·马科特（Ethan Marcotte）在一篇开创性的文章中首次提出响应式网页设计（Responsive Web Design，RWD）。

响应式网页设计的理念是指页面的设计与开发应当根据用户行为以及设备环境（系统平台、屏幕尺寸、屏幕定向等）进行相应的响应和调整。具体的实践方式由多方面组成，包括弹性网格和布局、图片、CSS 媒体查询的使用等。无论用户使用笔记本还是 iPad，页面都应该能够自动切换分辨率、图片尺寸及相关脚本功能等，以适应不同设备。换句话说，页面应该有能力去自动响应用户的设备环境。这样，就可以不必为新设备做专门的版本设计和开发。

简言之，响应式网页设计就是一个网站能够兼容多个终端，而不是为每一个终端做一个特定的版本。这个概念可以说是为移动互联网而生，其目的是为用户提供更加舒适的用户界面和更好的用户体验。

如新浪时尚频道、微软中国官方网站在不同终端浏览器的显示效果分别如图 8 - 1、图 8 - 2 所示。

8.1.2 响应式网页设计的优缺点

响应式网页设计的优点比较明显，首先是能适应不同分辨率，设备灵活性强；其次是能够快速解决多设备显示适应问题；再次是节约开发成本，维护轻松。在非响应式网页设计中，多设置访问视觉不统一，非最佳视觉，而在响应式设计中能实现多终端视觉和操作体验风格统一，并且可以做到兼容当前和未来设备。另外响应式网页设计中的大部分技术都可以

图 8-1

图 8-2

用于 WebApp 开发中。

响应式网页设计也存在缺点：兼容各种设备工作量大，效率低下；代码累赘，会出现隐藏无用的元素，加载时间加长（手机定制网站，流量稍大，但比加载一个完整 PC 端网站小得多）；受多方面因素影响而达不到最佳效果；在一定程度上改变了网站原有的布局结构，会出现用户混淆的情况。

8.2 CSS3 媒体查询

在不同的设备中，浏览器的窗口尺寸可能是不同的。如果只针对某种窗口尺寸来制作网页，在其他设备中呈现该网页就会产生很多问题，如果针对不同的窗口尺寸制作不同的网页，则要制作的网页就会太多。为了解决这个问题，CSS3 中加入了 Media Queries（媒体查询）模块，使用这个工具可以方便快捷地做出各种丰富的实用性强的界面。Media Queries 模块中允许添加媒体查询表达式，用以指定媒体类型，根据媒体类型来选择应该使用的样式。换句话说，允许我们在不改变内容的情况下，在样式中选择一种页面的布局以精确地适应不同的设备，从而改善用户体验。网页设计者只需要针对不同的浏览器窗口尺寸来编写不同的样式，然后让浏览器根据不同的窗口尺寸来选择使用不同的样式即可。

8.2.1 媒体查询的语法

在现阶段，响应式网页设计的实现途径有弹性栅格、弹性图片显示、流式布局、CSS Media Query 等技术。

媒体查询的基本格式如下：

@media only(选取条件) not(选取条件)设备类型 and (设备特性),设备类型二{样式代码}

（1）设备类型主要是指访问网页的设备，有如表 8-1 所示的类型，通常指定为 screen。

表 8-1 媒体查询的常见设备类型

可以指定的值	设备类型
all	所有设备
braille	盲文，即盲人用点字法触觉回馈设备
embossed	盲文打印机
handheld	手持的便携设备
print	文档打印用纸或打印预览视图模式
projection	各种投影设备
screen	彩色电脑显示器屏幕
speech	语言和音频合成器
tty	固定字母间距的网格的媒体，比如电传打字机和终端
tv	电视机类型的设备

（2）操作符 not、and 和 only 可以用来构建复杂的媒体查询。

and 操作符用来把多个媒体属性组合起来，合并到一条媒体查询中。只有当每个属性都为真时，这条查询的结果才为真。

例如：@media tv and(min-width:700px)

表示媒体查询只在电视媒体上，可视区域不小于 700 像素宽度有效。

not 操作符用来对一条媒体查询的结果进行取反。

例如：@media not screen and(color), print and(color)

only 操作符表示仅在媒体查询匹配成功的情况下应用指定样式。

例如：@media only screen and(min-width:700px)

表示媒体查询只在屏幕上，可视区域不小于 700 像素宽度有效。

若使用了 not 或 only 操作符，必须明确指定一个媒体类型。

（3）设备特性。通过设备类型可以区分使用的设备，再通过设备特性参数来设置同一设备的不同型号。CSS3 支持 13 种设备特性，如表 8-2 所示。

表 8-2 CSS3 支持的媒体查询的设备特性

特性	可指定的值	可用媒体类型	特性说明
width	带单位的长度值 例如：640px	视觉屏幕/触摸设备	定义输出设备中的页面可见区域宽度，即浏览器窗口的宽度
height	带单位的高度值 例如：320px	视觉屏幕/触摸设备	定义输出设备中的页面可见区域高度，即浏览器窗口的高度

续表

特性	可指定的值	可用媒体类型	特性说明
device-width	带单位的长度值 例如：640px	视觉屏幕/触摸设备	定义输出设备的屏幕可见宽度，即设备屏幕分辨率的宽度值
device-height	带单位的高度值 例如：320px	视觉屏幕/触摸设备	定义输出设备的屏幕可见高度，即设备屏幕分辨率的高度值
orientation	只能指定两个值： portrait 或 landscape	位图介质类型	浏览器窗口的方向是纵向还是横向，当窗口高度大于等于宽度值时该特性值为 portrait（横向），否则为 landscape（纵向）
aspect-ratio	比例值 例如 16/9	位图介质类型	定义"width"与"height"的比率，即浏览器的长宽比
device-aspect-ratio	比例值 例如 16/9	位图介质类型	定义"device-width"与"device-height"的比率，即设备屏幕长宽比。如常见的显示器比率：4/3，16/9，16/10
color	整数值	视觉媒体	设备使用多少位的颜色值，如果不是彩色设备，则值等于0
color-index	整数值	视觉媒体	色彩表中的色彩数
monochrome	整数值	视觉媒体	定义在一个单色框架缓冲区中每像素包含的单色元件个数。如果不是单色设备，则值等于0
resolution	分辨率值 例如 300dpi	位图介质类型	定义设备的分辨率。如：96dpi，300dpi
scan	只能指定两个值： progressive 或 interlace	电视类	定义电视类设备的扫描方式，progressive 为逐行扫描，interlace 为隔行扫描
grid	只能指定两个值： 0 或 1	栅格设备	用来查询输出设备是否使用栅格或基于位图。1代表是，0代表否

例如：@media screen and(min-width:600px)and(max-width:800px){样式代码}

表示在 600~800px 之间的屏幕里样式代码有效。

8.2.2 媒体查询的使用

媒体查询的使用通常有两种方式。

一种是在 CSS 样式文件中内嵌"@media"，在同一个 CSS 中通过不同窗口编写不同的样式。例如针对 PC 端、iPad、Phone 在不同分辨率下的媒体查询示例代码。

```
/* 当页面大于1200px 时,大屏幕,主要是 PC 端 宽屏* /
@mediascreen and(min-width:1200px){
/* 样式代码* /
```

}

/* 当页面在 991 和 1199px 之间时,中等屏幕,主要是低分辨 PC 端*/
@mediascreen and(min-width:991px)and(max-width:1199px){
样式代码/
}

/* 当页面在 768 和 990px 之间时,小屏幕,主要是 PAD*/
@mediascreen and(min-width:768px)and(max-width:990px){
样式代码/
}

/* 当页面在 480 和 767px 之间时,超小屏幕,主要是手机*/
@mediascreen and(min-width:480px)and(max-width:767px){
样式代码/
}

/* 当页面小于 480px,微小屏幕,主要是低分辨率手机*/
@mediascreen and(max-width:479px){
样式代码/
}

另一种是使用外部样式表的引用,在 link 或@import 中使用"media",根据不同的窗口大小选择对应的样式文件。

例如针对最大分辨率为 990px 的 style990.css 文件引用。

```
<link href="style990.css" type="text/css" media="screen and(max-width:990px)"/>
```

针对最小分辨率为 1200px 的 style1200.css 文件引用。

```
<link href="style1200.css" type="text/css" media="screen and(min-width:1200px)"/>
```

8.3 响应式网页设计流程

随着移动互联网的快速发展,越来越多的客户需要移动化产品,当客户提出移动化的需求时,响应式网页虽然并不能算是一种纯粹的移动解决方案,但是,在某些情况下,这种方式非常值得考虑。通常响应式网页设计流程如下。

1. 确定需要兼容的设备类型、屏幕尺寸

通过用户研究,了解用户使用的设备分布情况,确定需要兼容的设备类型、屏幕尺寸。

设备类型:包括移动设备(手机、平板)和 PC。对于移动设备,设计和实现的时候注意增加手势功能。

屏幕尺寸：包括各种手机屏幕的尺寸（包括横向和纵向）、各种平板的尺寸（包括横向和纵向）、普通电脑屏幕和宽屏。

在响应式网页设计时，依据用户需求和移动端的发展情况，对适用的设备和尺寸进行取舍。

2. 制作线框原型

针对确定下来的几个尺寸分别制作不同的线框原型，需要考虑不同尺寸情况下，页面的布局如何变化，内容尺寸如何缩放，功能、内容的删减，甚至针对特殊的环境作特殊化的设计等。这个过程需要设计师和前端开发人员保持密切的沟通。

3. 测试线框原型

将图片导入到相应的设备进行一些简单的测试，可帮助我们尽早发现可访问性、可读性等方面存在的问题。

4. 视觉设计

注意，移动设备的屏幕像素密度与传统电脑屏幕不一样，在设计的时候需要保证内容文字的可读性、控件可单击区域的面积等。

5. 前端实现

与传统的 web 开发相比，响应式网页设计的页面由于页面布局、内容尺寸发生了变化，所以最终的产出有可能与设计稿出入较大，需要前端开发人员和设计师多沟通。

6. 测试

通过在不同设备和不同分辨率下对实现的结果进行不断测试，以满足用户需求。

8.4 响应式网页设计实践

在响应式网页设计实现过程中，需要考虑以下问题：

（1）视图宽度。对于移动浏览器，让设备的宽度作为视图宽度并禁止初始的缩放。

< meta name = "viewport" content = "width = device-width,initial-scale = 1.0" >

（2）低版本浏览器。对于不支持 HTML5 的浏览器，目前的解决方案是调用 html5.js 文件。

<!--[if lt IE 9]>

< script src = "http://html5shim.googlecode.com/svn/trunk/html5.js" ></script>

<![endif]-->

（3）CSS3 Media Query。低版本浏览器不支持 CSS3 Media Query，目前的解决方案是调用 css3-mediaqueries.js 文件。

<!--[if lt IE 9]>

< script src = "http://html5shim.googlecode.com/svn/trunk/css3-mediaqueries.js" >

</script>
<![endif]-->

（4）布局结构设计。使用 CSS 根据分辨率宽度的变化来调整页面布局结构。

（5）弹性图片和多媒体。通过 max-width:100% 和 height:auto 实现图片和内嵌多媒体元素的弹性化。

（6）文本字号。尽量使用 em 或 rem 来调整文本字体大小。

如图 8-3 所示，为不同宽度下的视图效果。代码如下：

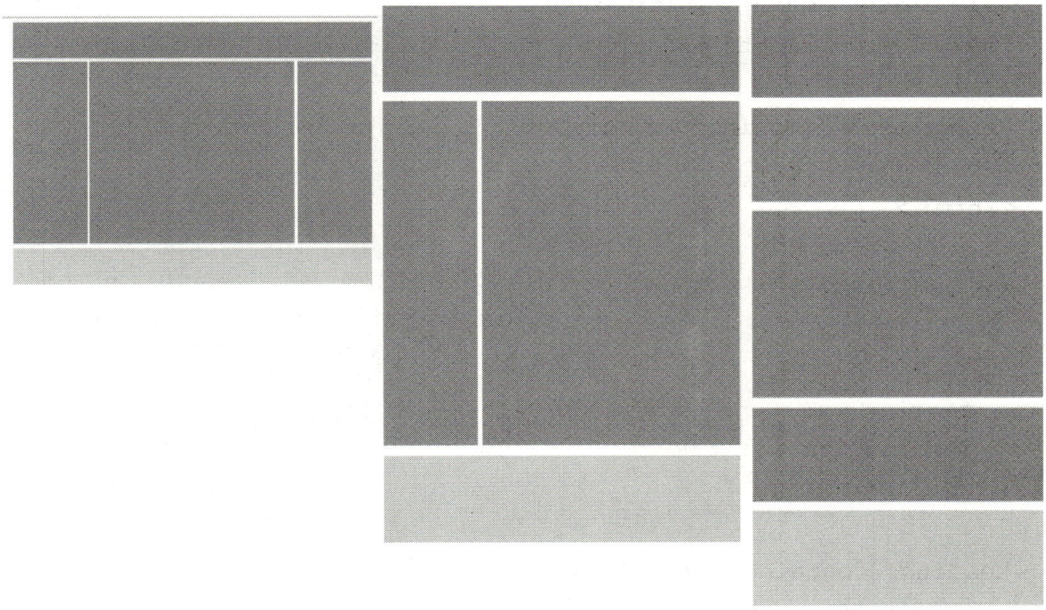

图 8-3

```
<!doctype html>
<html>
<head>
<meta charset="UTF-8">
<meta name="viewport" content="width=device-width,initial-scale=1">
<title>响应式设计</title>
<link href="style.css" type="text/css" rel="stylesheet">
<!--[if lt IE 9]>
<script src="http://html5shim.googlecode.com/svn/trunk/html5.js"></script>
<![endif]-->
<!--[if lt IE 9]>
<script src="http://html5shim.googlecode.com/svn/trunk/css3-mediaqueries.js">
```

```html
        </script>
        <![endif]-->
    </head>
    <body>
        <div class="heading"></div>
        <div class="container">
            <div class="left"></div>
            <div class="main"></div>
            <div class="right"></div>
        </div>
        <div class="footing"></div>
    </body>
</html>
```

style.css 代码如下:

```css
*{
    margin:0px;
    padding:0px;
}

.heading,.container,.footing{
    margin:10px auto;
}
.heading{
    height:100px;
    background-color:chocolate;
}
.left,.right,.main{
    background-color:cornflowerblue;
}

.footing{
    height:100px;
    background-color:aquamarine;
}

@media screen and(min-width:960px){
    .heading,.container,.footing{
```

```css
        width:960px;
    }

    .left,.main,.right{
        float:left;
        height:500px;
    }

    .left,.right{
        width:200px;
    }
    .main{
        margin-left:5px;
        margin-right:5px;
        width:550px;
    }
    .container{
        height:500px;
    }

}

@media screen and(min-width:600px)and(max-width:960px){
    .heading,.container,.footing{
        width:600px;
    }

    .left,.main
    {
        float:left;
        height:400px;
    }
    .right{
        display:none;
    }
    .left{
        width:160px;
    }
    .main{
```

```css
        width:435px;
        margin-left:5px;
    }
    .container{
        height:400px;
    }
}

@media screen and(max-width:600px){
    .heading,.container,.footing{
        width:400px;
    }
    
    .left,.right{
        width:400px;
        height:100px;
    }
    .main{
        margin-top:10px;
        width:400px;
        height:200px;
    }
    .right{
        margin-top:10px;
    }
    .container{
        height:420px;
    }
}
```

8.5 项目实践

本项目是一个响应式个人博客,其在不同终端及分辨率下的访问效果如图 8-4 所示。

响应式个人博客 PC 端页面如图 8-5 所示。

图 8-4

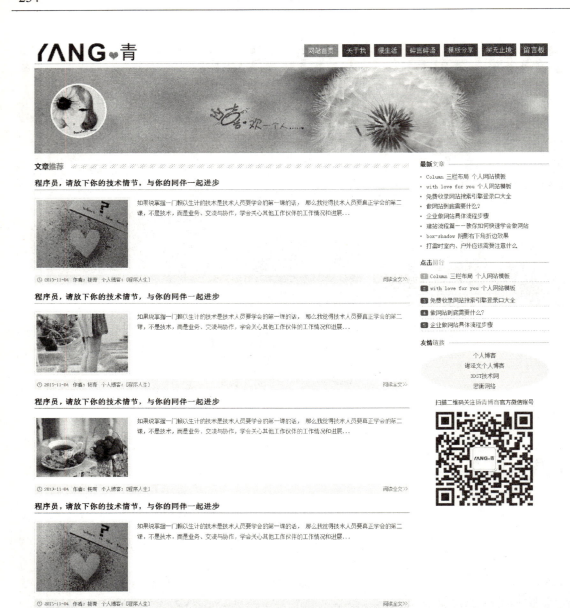

图 8-5

8.5.1 制作页面

经过分析,画出线框结构,如图 8-6 所示。

页面制作步骤如下:

1. 建立 index.html 网页文件

```
<!doctype html>
```

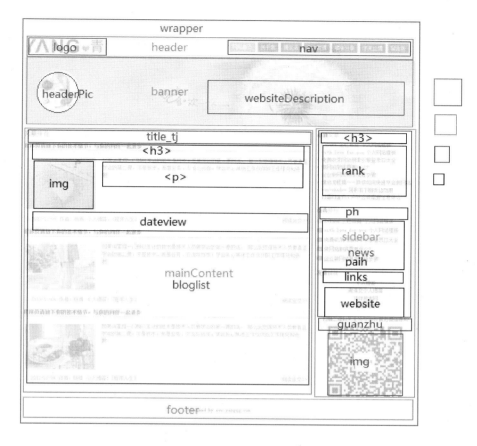

图 8-6

```html
<html>
    <head>
        <meta charset = "utf-8">
        <title>响应式个人博客</title>
        <meta name = "viewport" content = "width = device-width,minimum-scale =1.0,maximum-scale =1.0">
        <link href = "css/base.css" rel = "stylesheet">
        <!--[if lt IE 9]>
        <script src = "js/modernizr.js"></script>
        <![endif]-->
    </head>
    <body>
        ......
    </body>
</html>
```

2. 建立 base.css 文件

```css
*{
margin:0;
 padding:0;
}
html{
 font-size:100% ;
}
body{
   font-family:serif;
   font-size:12px;
}
h1{color:#363636;
      font-size:3.428571428571429em;
   font-family:"Fredericka the Great",cursive;font-weight:normal;
}
ul{
   list-style:none;
}
a img{
   border:none;
   }
a{
   color:#333;
    text-decoration:none;
}
a:hover,a:active,a:focus{
   color:#d34e16;
   text-decoration:none;
}
img{
   max-width:100% ;
   height:auto;
  width:auto;
}
p{
   line-height:140% ;
}
.wrapper{
```

```
    width:93.75% ;/*  960px/1024px   */
    margin:0 auto
}
```

8.5.2 制作页面头部

页面头部相对比较简单，其最终效果如图 8-7 所示，包括 logo 和 nav 两部分。

图 8-7

1. 头部 HTML 代码

```
<header>
<h1 id="logo">
        <a href="/">
            <img src="images/logo.jpg" width="260" height="60" alt="个人博客">
        </a>
</h1>
<nav>
<ul>
<li id="active"><a href="">网站首页</a></li>
<li><a href="">关于我</a></li>
<li><a href="">慢生活</a></li>
<li><a href="">碎言碎语</a></li>
<li><a href="">模板分享</a></li>
<li><a href="">学无止境</a></li>
<li><a href="">留言板</a></li>
</ul>
</nav>
</header>
```

2. 相应的头部 CSS 代码

```
header{
border-bottom:#858585 1px solid;
overflow:hidden;
margin:10px 0
}
h1#logo{
```

```
    width:260px;height:60px;
    float:left;
    overflow:hidden
}
nav{
    float:right;
    margin:20px 0;
}
nav li{
    display:inline;
    list-style:none;
    padding:1px;
}
nav li a{
    display:inline;
    color:#fff;
    text-shadow:none;
    background:#333;
    padding:8px 10px;
}
nav li a:hover,nav #active a{
    background:#5CAAAE;
    color:#ffffff;
}
```

8.5.3 制作 banner 区域

banner 区域效果如图 8-8 所示,包括 headerPic 和站点描述(websiteDescription)两部分,鼠标指向两区域分别显示不同内容,如图 8-9 所示。

图 8-8

图 8-9

1. 建立 HLML 代码

```
<div class="banner">
<div class="headerPic"><a href="/"><span>个人博客</span></a></div>
<div class="websiteDescription">
<h2>渡人如渡己,渡己,亦是渡人</h2>
<p>当我们被误解时,会花很多时间去辩白。但没有用,没人愿意听,大家习惯按自己的所闻、理解做出判别,每个人其实都很固执。与其努力且痛苦地试图扭转别人的评判,不如默默承受,给大家多一点时间和空间去了解。而我们也可以省下辩解的功夫,去实现自身更久远的人生价值。其实,渡人如渡己,渡己,亦是渡人。
</p>
</div>
</div>
```

2. 建立 CSS 代码

```
.banner{
    background:url(../images/banner_top.jpg) center top no-repeat #e7e7e7;
    overflow:hidden;
    position:relative;
    font-size:14px
}
.headerPic{
    width:130px;height:130px;
    border-radius:100%;/* 圆角边框为圆形*/
    overflow:hidden;border:#FFF 4px solid;
    float:left;
    margin:40px
}
.headerPic a{
    display:block;
    padding-top:97px;
```

```css
    width:160px;
    background:url(../images/photos2.jpg)no-repeat;
    background-size:130px 130px;
}
.headerPic a span{
    display:block;
    margin-top:63px;
    padding-top:8px;
    width:130px;
    height:55px;
    font-size:12px;
    text-align:center;
    line-height:20px;
    color:#fff;
    background:rgba(0,0,0,.5);
    -webkit-transition:margin-top.2s ease-in-out;
    -moz-transition:margin-top.2s ease-in-out;
    -o-transition:margin-top.2s ease-in-out;
    transition:margin-top.2s ease-in-out;/*使用过渡*/
}
.headerPic a:hover span{
    display:block;
    margin-top:0;
}
.websiteDescription{
    position:absolute;
    top:20% ;left:0;
    background:rgba(92,170,174,.8);
    color:white;
    opacity:0;/*完全透明*/
    -webkit-transition:opacity.75s ease-out;
    -moz-transition:opacity.75s ease-out;
    -o-transition:opacity.75s ease-out;
    transition:opacity.75s ease-out;
    padding:20px
}
.websiteDescription:hover{
    opacity:1;/*完全不透明*/
}
```

```
.websiteDescription h2{
  color:#FFF;
  font-size:16px;
   margin-bottom:10px
}
```

8.5.4 制作 mainContent 区域

主区域（mainContent）效果如图 8-10 所示，主要包括标题（title_tj）和博客列表（bloglist），博客列表中包括三级标题（h3）、图片（img）、内容（p）和 dateview。

图 8-10

1. 建立 HTML 代码

```
<div class = "mainContent">
<h2 class = "title_tj">
<p>文章<span>推荐</span></p>
</h2>
<div class = "bloglist">
<h3>程序员,请放下你的技术情节,与你的同伴一起进步</h3>
<figure><img src = "images/ex03.png"></figure>
<ul>
```

<p>如果说掌握一门赖以生计的技术是技术人员要学会的第一课的话,那么我觉得技术人员要真正学会的第二课,不是技术,而是业务、交流与协作,学会关心其他工作伙伴的工作情况和进展...</p>

```
</ul>
<div class="dateview"><a title="/" href="/" target="_blank" class="readmore">阅读全文></a><span>2013-11-04</span><span>作者:杨青</span><span>个人博客:[<a href="/news/life/">程序人生</a>]</span></div>
        ……
        ……
</div>
</div>
```

2. 建立 CSS 代码

```css
.mainContent{
    margin:20px 0;
    float:left;
    width:72.91666666666667%;   /* 700px/960px */
}
h2.title_tj{
    font:18px,Arial,Helvetica,sans-serif;
    color:#444;
    font-weight:bold;
    background:url(../images/h_line.jpg) repeat-x 20px center;
}
h2.title_tj span{
    color:#ff8986;
 }
h2.title_tj p{
        background:#fff;
        width:90px;
        }
.bloglist h3{
        border-bottom:1px solid #858585;
        font-size:1.2em;
        padding-bottom:5px;
        margin:20px 0;
        }
.bloglist h3,.dateview{
            clear:both;
}
.bloglist ul p{
        color:#666;
```

```
            font-size:14px;
             line-height:26px
        }
.dateview {
        margin:10px 0;
        clear:both;
        overflow:hidden;
        background:#f6f6f6 url(../images/time.jpg)5px center no-repeat;
        line-height:26px;
        height:26px;
        color:#838383;
        padding-left:20px;
        font-size:12px;
          }
.dateview span{
          margin:0 5px;
          }
.dateview span a{
            color:#099B43;
          }
a.readmore{
    color:#028CC2;
    float:right;
    padding-right:5px;
    }
```

8.5.5 制作 sidebar

侧边栏（sidebar）效果如图 8-11 所示，包括新闻（news）、关注（guanzhu）和二维码（img）区域，新闻区域内包括标题（h3）和列表（ul）。

1. 建立 HTML 代码

```
< div class = "sidebar" >
< div class = "news" >
< h3 >
< p >最新< span >文章</span ></p >
</h3 >
< ul class = "rank" >
< li > < a href = "/" title = "Column 三栏布局 个人网站模板" target =
            "_blank">Column 三栏布局 个人网站模板</a ></li >
```

图 8-11

```
<li><a href="/" title="with love for you 个人网站模板" target="_
    blank">with love for you 个人网站模板</a></li>
<li><a href="/" title="免费收录网站搜索引擎登录口大全" target="_
    blank">免费收录网站搜索引擎登录口大全</a></li>
<li><a href="/" title="做网站到底需要什么?" target="_blank">做网
    站到底需要什么？</a></li>
<li><a href="/" title="企业做网站具体流程步骤" target="_blank">企
    业做网站具体流程步骤</a></li>
<li><a href="/" title="建站流程篇——教你如何快速学会做网站" target="
    _blank">建站流程篇——教你如何快速学会做网站</a></li>
<li><a href="/" title="box-shadow 阴影右下角折边效果" target="_
    blank">box-shadow 阴影右下角折边效果</a></li>
<li><a href="/" title="打雷时室内、户外应该需要注意什么" target="_
```

第8章 响应式网页设计

```html
blank">打雷时室内、户外应该需要注意什么</a></li>
</ul>

<h3 class="ph">
<p>单击<span>排行</span></p>
</h3>
<ul class="paih">
    <li><a href="/" title="Column 三栏布局 个人网站模板" target="_blank">Column 三栏布局 个人网站模板</a></li>
    <li><a href="/" title="withlove for you 个人网站模板" target="_blank">with love for you 个人网站模板</a></li>
    <li><a href="/" title="免费收录网站搜索引擎登录口大全" target="_blank">免费收录网站搜索引擎登录口大全</a></li>
    <li><a href="/" title="做网站到底需要什么?" target="_blank">做网站到底需要什么?</a></li>
    <li><a href="/" title="企业做网站具体流程步骤" target="_blank">企业做网站具体流程步骤</a></li>
</ul>

<h3 class="links">
<p>友情<span>链接</span></p>
</h3>
<ul class="website">
<li><a href="/">个人博客</a></li>
<li><a href="/">谢泽文个人博客</a></li>
<li><a href="/">3DST 技术网</a></li>
<li><a href="/">思衡网络</a></li>
</ul>
<div class="guanzhu">扫描二维码关注<span>杨青博客</span>官方微信账号</div>
<a href="/" class="weixin"><img src="images/weixin.jpg"></a>
</div>
</div>
```

2. 建立 CSS 代码

```css
.sidebar{
     margin:20px 0 0 75% ;  /* 720px/960px */
     font-size:14px;
     }
.news h3{
```

```css
            font-size:14px;
            background:url(../images/r_title_bg.jpg)repeat-x center;
        }
.news h3 p{
            background:#fff;
            width:70px;
        }
.news h3 span{
            color:#65b020
        }
.news h3. ph span{
            color:#37ccca;
        }
.news h3. links span{
            color:#F17B6B;
        }
.news ul{
        margin-bottom:20px;
        }
.news ul li a:hover{
            text-decoration:underline;
        }
.rank li {
            height:25px;
            line-height:25px;
            clear:both;
            padding-left:5px;
            overflow:hidden;
            padding-left:15px;
            background:url(../images/li.jpg)no-repeat left center;
}
.rank{
            margin:10px 0;
            overflow:hidden;
        }
.rank li a{
            color:#333;
        }
.paih{
```

```css
        background:url(../images/ph.jpg)no-repeat left 8px;
        margin:10px 0;
    }
.paih li{
    line-height:30px;
    height:30px;
    overflow:hidden;
     padding-left:24px;
    border-bottom:#CCC dotted 1px;
    }
.website{
        margin:10px 0;
         background:#F3F3F3;
        border-radius:50% ;
         text-align:center;
        }
.website li {
            line-height:26px;
            text-shadow:#fff 1px 1px 1px;    /* 文本阴影*/
             height:26px;
        }
.weixin img{
            margin:10px auto;
            display:block;
        }
.guanzhu{
            overflow:hidden;
            margin-top:20px;
            color:#000;
             text-align:center;
        }
.guanzhu span{
            color:#65B020;
            font-weight:bold;
            font-size:14px;
        }
```

8.5.6 制作 footer 区域

footer 区域通常用来放置公司（个人）联系方式、版权等相关信息，内容相对比较简单，如图 8-12 所示。

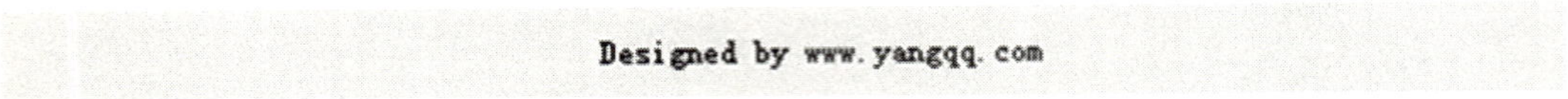

Designed by www.yangqq.com

图 8-12

1. 建立 HTML 代码

```
<div class = "clearfloat" > </div >
<footer >
<ul >
        designed by <a href = "/" title = "个人博客" >www.yangqq.com </a>
</ul >
</footer >
</div >
```

2. 建立 CSS 代码

```
.clearfloat{
        clear:both;    /* 清除浮动*/
        height:0;
        line-height:0px;
    }
footer {
    background:#f3f3f3;
    margin-top:20px;
    }
footer ul{
    padding:10px 0;
    ext-align:center;
    }
footer a {
        text-decoration:none;
    }
```

8.5.7 建立媒体查询 CSS 代码

```
/* 最小分辨率 961pss */
@mediascreen   and(min-width:961px){
.websiteDescription{
        margin-left:400px;
        }
.bloglist figure {
```

```css
            float:left;
             width:233px;
            margin-right:20px;
            margin-bottom:10px;
            }
.bloglist figure img{
        padding:4px;
        border:#f4f2f2 1px solid;
         width:225px;
    }
}

/* 最大分辨率960px */
@media screen and(max-width:960px){
.wrapper{
        width:93.75% ;   /* 960px/1024px  */
        margin:0 auto;
}
.websiteDescription{
margin-left:0;
        }
}

/* 最大分辨率768px */
@media screen and(max-width:768px){
.mainContent{
            float:none;
            width:auto;
        }
    .sidebar{
      margin:0;
        }
    h1#logo{
      float:none
    }
    nav{
    float:none;
        }
    nav li{
```

```
        display:block;
        list-style:none;
        padding:1px;
       text-align:center;
       }
      nav li a{
      display:block;
        }
}
/* 最大分辨率480px */
@media screen and(max-width:480px){
   h1#logo{
   float:none
   }
   nav{
   float:none;
    }
   nav li {
        display:block;
        list-style:none;
        padding:1px;
       text-align:center;
    }
     nav li a{
     display:block;
       }
}
```

习题与实践

一、选择题

1. 响应式网页设计的理念是（　　）。
   A. 一个终端设计一个网站　　B. 多个终端设计一个网站
   C. 一个终端设计多个网站　　D. 多个终端设计多个网站
2. CSS 媒体查询中用于表示彩色电脑显示器屏幕的设备类型是（　　）。
   A. tv　　　　　　B. all　　　　　　C. screen　　　　　　D. embossed
3. 设置视窗最大分辨率为640px，横向放置的媒体查询方式是（　　）。
   A. @media screen and(max-width:640px)and(orientation:portrait){}
   B. @media screen and(max-width:640px)and(orientation:landscapet){}

C. @media screen and(device-max-width:640px) and(orientation:portrait){}

D. @media screen and(device-max-width:640px) and(orientation:landscapet){}

4. 属性 minimum-scale =1.0 表示（　　）。

　　A. 最小放大倍数为 1.0　　　　B. 最大放大倍数为 1.0

　　C. 最小比例为 1.0　　　　　　D. 最大比例为 1.0

5. 媒体查询式中的",”表示（　　）逻辑关系。

　　A. 或　　　　　　B. 与　　　　　　C. 非　　　　　　D. 仅

二、实践题

通过媒体查询实现如图 8-12 所示的响应式网页设计，图 8-12 中左、右两边表示分辨率大于 960px 和小于 960px 效果。

图 8-12

第 9 章 CMS 基础

互联网中的很大一部分网站是内容管理类的网站，如文章站、图片站、下载站、电影站等，这些类型的网站我们都可以通过使用 CMS（内容管理系统）进行创建和管理。本章将介绍 CMS 的工作原理，国内外知名的 CMS 软件和 Web 服务器的基本工作原理。

学习目标

- 了解 CMS 的工作原理；
- 了解常见的 CMS 软件及基本操作；
- 掌握 Web 服务器的基本原理；
- 了解页面访问的基本过程。

9.1 CMS 简述

CMS 是 Content Management System 的缩写，意为"内容管理系统"，是一种位于 Web 前端和后端办公系统或流程（内容创作、编辑）之间的软件系统。

以前网站内容管理基本上靠手工维护，随着网络应用的丰富和发展，面对千变万化的信息流，大量网站不能迅速更新，需要花费许多时间、人力和物力来进行信息处理和维护工作。如此下去，用户始终在一个高成本、低效率的循环中升级、整合。在这种情况之下 CMS 应运而生，从而有效地解决用户在网站建设和信息发布中所遇到的问题和需求。

网站内容管理是 CMS 最大的优势，它流程完善、功能丰富，可把稿件分门别类并授权给合法用户进行编辑管理，而不需要用户去学习难懂的 SQL 语法。CMS 具有许多基于模板的优秀设计，可以加快网站开发的速度，减少开发的成本。它的功能并不只限于文本处理，它也可以处理图片、Flash 动画、声像流、图像甚至电子邮件档案。

隐藏在内容管理系统（CMS）之后的基本思想是分离内容的管理和设计。页面设计存储在模板里，而内容存储在数据库或独立的文件中。当一个用户请求页面时，各部分联合生成一个标准的 html 页面。一个内容管理系统通常有如下要素：文档模板、脚本语言或标记语言与数据库集成。

使用内容管理系统对站点管理和编辑都有好处。其中最大的好处是能够使用模板和通用的设计元素以确保整个网站的协调。作者只需在他们的文档中采用少量的模板代码，即可把精力集中在设计内容上了。要改变网站的外观，管理员只需修改模板而不是一个个单独的页面。内容管理系统也简化了网站的内容供给和内容管理的责任委托。很多内容管理系统允许对网站不同层面人员赋予不同等级的访问权限，这使得他们不必研究操作系统的权限设置，只需用浏览器接口即可完成权限设置。其他的特性如搜索引擎、日历、Web 邮件等也会内置于内容管理系统内，或允许以第三方插件的形式集成进来。

9.2 常见的 CMS

1. DedeCMS（织梦内容管理系统）

织梦内容管理系统（DedeCMS）如图 9-1 所示，以简单、实用、开源闻名，是国内最知名的 PHP 开源网站管理系统，也是使用用户最多的 PHP 类 CMS 系统，经历多年的发展，目前的版本无论在功能，还是在易用性方面，都有了长足的发展和进步，DedeCMS 免费版的主要目标用户锁定个人站长，功能更专注于个人网站或中小型门户的构建，当然也有不少企业用户和学校等在使用此系统。

图 9-1

2. PageAdmin CMS（PageAdmin 网站管理系统）

PageAdmin 网站管理系统如图 9-2 所示，是一款支持多分站、多语种，集成内容发布、信息发布、自定义表单、自定义模型、会员系统、业务管理等功能于一体的独立网站管理系统，用户可以下载安装使用，系统于 2008 年正式发布，目前全国用户已经超过 50 万，被广泛用于各级政府、学校和企业的网站搭建。

图 9-2

3. ECMS（帝国网站管理系统）

帝国网站管理系统如图 9-3 所示，英文译为 "Empire CMS"，简称 "ECMS"。它是基于 B/S 结构，且功能强大易用的网站管理系统。本系统由帝国开发工作组独立开发，是一个经过完善设计的适用于 Linux/windows/UNIX 等环境下高效的网站解决方案。它采用了系统模型功能，用户通过此功能可直接在后台扩展与实现各种系统，如产品、房产、供求等系统，由于此特性，帝国 CMS 又被誉为"万能建站工具"；采用了模板分离功能，将内容与界面完全分离，灵活的标签+用户自定义标签，使之能实现各式各样的网站页面与风格；栏目无限级分类；前台全部静态，可承受强大的访问量；具备强大的信息采集功能；具有超强广告管理功能。

图 9-3

4. PHPCMS

PHPCMS 如图 9-4 所示，是国内领先的网站内容管理系统，同时也是一个开源的 PHP 开发框架。PHPCMS 由内容模型、会员、问吧、专题、财务、订单、广告、邮件订阅、短消息、自定义表单、全站搜索等 20 多个功能模块组成，内置新闻、图片、下载、信息、产品五大内容模型。PHPCMS 采用模块化开发，支持自定义内容模型和会员模型，并且可以自定义字段。

图 9-4

5. 动易 CMS

动易 SiteFactory™ 内容管理系统（英文名称：PowerEasy SiteFactory™；软件著作权登记号：2009SR057668）如图 9-5 所示，是业界首款基于微软 .NET2.0 平台，采用 ASP.NET2.0 进行分层开发的内容管理系统。

图 9-5

SiteFactory™ 具有灵活的产品架构、严密的安全性、无限的扩展性和伸缩性，能够高效构建起各种信息资讯类网站、企业内部知识网站、企业信息/产品展示门户网站、军区内网等多种网站应用型平台。SiteFactory™ 还拥有多种灵活、先进的互联网 Web2.0 应用模块，使得系统即使在面对复杂繁多的企业经营管理需求时也能够应对自如，成为名副其实的"网站梦工厂"。

9.3 Web 服务器

Web 服务器也称为 WWW（WORLD WIDE WEB）服务器，主要功能是提供网上信息浏览服务。WWW 是 Internet 的多媒体信息查询工具，是 Internet 上近年才发展起来的服务，也是发展最快和目前使用最广泛的服务。正是因为有了 WWW 工具，近年来 Internet 使得迅速发展，用户数量飞速增长。Web 服务器是可以向发出请求的浏览器提供文档的程序。

9.3.1 Web 服务器的功能

Web 服务器是可以向发出请求的浏览器提供文档的程序。Web 服务器不仅能够存储信息，还能在用户通过 Web 浏览器提供的信息的基础上运行脚本和程序。Web 服务器可以解析 HTTP 协议，当 Web 服务器接收到一个 HTTP 请求（Request），会返回一个 HTTP 响应（Response），例如送回一个 HTML 页面。为了处理一个请求（Request），Web 服务器可以响应（Response）一个静态页面或图片，进行页面跳转（Redirect），或者把动态响应（Dynamic Response）的产生委托（Delegate）给一些其他的程序例如 CGI 脚本，JSP（JavaServer Pages）脚本，servlets，ASP（Active Server Pages）脚本，服务器端（Server-Side）JavaScript，或者一些其他的服务器端（Server – Side）技术。无论它们的目的如何，这些服务器端（Server – Side）的程序通常产生一个 HTML 的响应（Response）来让浏览器浏览。

9.3.2 常见 Web 服务器软件

1. Apache HTTPServer

Apache HTTPServer（简称 Apache）是 Apache 软件基金会的一个开放源码的网页服务器，可以在大多数计算机操作系统中运行，由于其多平台和安全性被广泛使用，是最流行的 Web 服务器端软件之一。它快速、可靠，并且可通过简单的 API 扩展，将 Perl/Python 等解释器编译到服务器中。Apache 源于 NCSAhttpd 服务器，经过多次修改，成为世界上最流行的 Web 服务器软件之一。Apache 取自"a patchy server"的读音，意思是充满补丁的服务器，因为它是自由软件，所以不断有人来为它开发新的功能、新的特性、修改原来的缺陷。Apache 软件简单、快速，而且性能稳定，具体的特点如下：

- 几乎可以运行在所有的计算机平台上。
- 支持最新的 HTTP 协议。
- 简单而且强有力的基于文件的配置（HTTPD.CONF）。
- 支持通用网关接口。
- 支持虚拟主机。
- 支持 HTTP 认证。
- 集成 PERL。
- 集成的代理服务器。
- 可以通过 Web 浏览器监视服务器的状态，可以自定义日志。
- 支持服务器端包含命令（SSI）。
- 支持安全 SOCKET 层（SSL）。
- 具有用户会话过程的跟踪能力。
- 支持 FASTCGI。
- 支持 JAVASERVLETS，并可作代理服务器来使用。

2. IIS（Internet Information Services，互联网信息服务）

IIS 是由微软公司提供的基于 Microsoft Windows 运行的互联网基本服务。最初是 Windows NT 版本的可选包，随后内置在 Windows 2000、Windows XP Professional 和 Windows Server 2003 发行，但在 Windows XP Home 版本上并没有 IIS。

- 模块化的网络核心允许用户增加和删除特定的功能。如果要使用服务统计构件，仅需几个模块（不包括 ISAPI）。
- 一个统一标准的 HTTP 管道，它对应于本地管理方面的应用程序。用户可以对经典的 ASP 网页使用基于窗体的认证系统。
- 用户可以建立自己的 IHttpModule 以及 IHttpHandlers，并且把它们插入到统一的管道。
- 新款分布式的 XML 设置系统，它利用了 ASP.NET 的设置系统的优点。
- 改善的诊断和问题解答机制，包括了新 Runtime 状态以及跟踪功能。
- 新型可扩展、面向任务的管理员用户界面。

Web 服务器工作原理如图 9-6 所示。

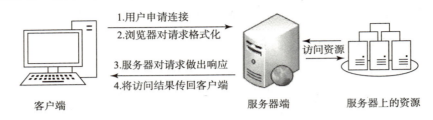

图 9-6

Web 服务器的工作原理并不复杂，一般可分成 4 个步骤：连接过程、请求过程、应答过程及关闭连接。连接过程就是 Web 服务器和浏览器之间所建立起来的一种连接。查看连接过程是否实现，用户可以找到和打开 socket 虚拟文件，这个文件的建立意味着连接过程这一步骤已经建立成功。请求过程就是浏览器运用 socket 这个文件向其服务器提出各种请求。应答过程就是运用 HTTP 协议把在请求过程中所提出来的请求传输到 Web 服务器，进而实施任务处理，然后运用 HTTP 协议把任务处理的结果传输到浏览器，同时在浏览器上面展示上述所请求的界面。关闭连接就是当上一个步骤——应答过程完成以后，Web 服务器和其浏览器之间断开连接的过程。

Web 服务器上述 4 个步骤环环相扣、紧密相联，逻辑性比较强，可以支持多个进程、多个线程以及多个进程与多个线程相混合的技术。

习题与实践

一、简答题

1. 简述 CMS 的含义和具体实现功能。
2. 简述 Web 服务器的工作原理。
3. 常见的 CMS 有哪几种，每一种的特点分别是什么？

二、实践题

1. 下载并安装 DedeCMS。
2. 下载并安装 PHPCMS。

第 10 章　CMS 提高

CMS 系统可以有效提高内容类型网站的开发效率，尤其是使用 DedeCMS 软件可以方便地实现目标网站的仿制，轻松定制同类风格的网站页面。本章主要介绍 DedeCMS 系统的安装和使用，通过模版的调用仿制"恒盛集团"的站点，在后台添加栏目和内容后通过模版内容的修改实现栏目和内容及网站资源的调用。

学习目标

- APMServer 服务器套件的安装；
- DedeCMS 基本操作；
- DedeCMS 标签的使用；
- DedeCMS 网站首页的制作；
- DedeCMS 网站二级页面和内容页的制作。

10.1　DedeCMS 的安装

10.1.1　APMServer 服务器套件的安装

DedeCMS（织梦内容管理系统）是基于 PHP + MySQL 开发的，在安装之前需要架设服务器端软件 Apache 和安装 MySQL，推荐安装 APMServer 服务器套件，下载地址如下：

http://www.crsky.com/soft/13901.html

解压后在目录中启动 APMserv.exe，工作界面如图 10 - 1 所示。

单击启动"APMServer"，启动过程中可能会遇到 80 端口被占用的现象，解决办法如下：

（1）尝试修改 Apache 的配置文件，单击软件顶端 Apache【设置】|【修改配置文件】，打开 httpd.conf 文件，修改端口号，Listen 80 修改为其他端口。

（2）单击查看 Windows 服务，停用 SqlServer 服务，停用 IIS 服务器。

再次启动 APMServer，查看状态，如果显示 Apache 已启动，MySQL 已启动，则软件运行正常。如果在浏览器中输入 http://127.0.0.1/phpinfo.php，会显示如图 10 - 2 所示界面，则 PHP 运行环境正常。

10.1.2　DedeCMS 软件的安装

下载 DedeCMS 软件，目前最新的版本号是 5.7，下载地址如下：

http://www.dedecms.com/products/dedecms/downloads/

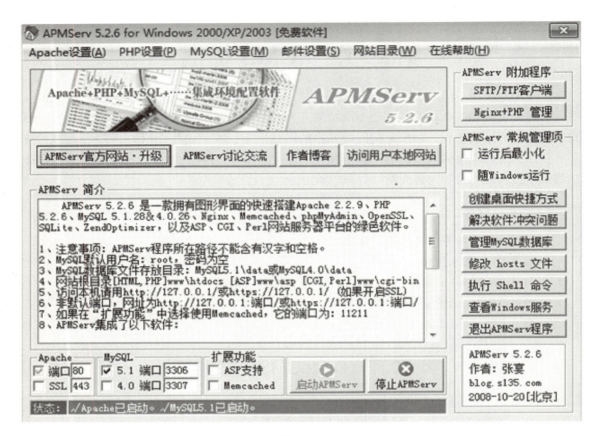

图 10 – 1

图 10 – 2

解压后复制 uploads 文件夹下的所有文件，将其粘贴到 APMServ5. 2. 6 \ www \ htdocs 文件夹下，在浏览器中输入地址 127. 0. 0. 1 进行安装。

选择同意此协议，单击“继续”按钮，如图 10－3 所示。

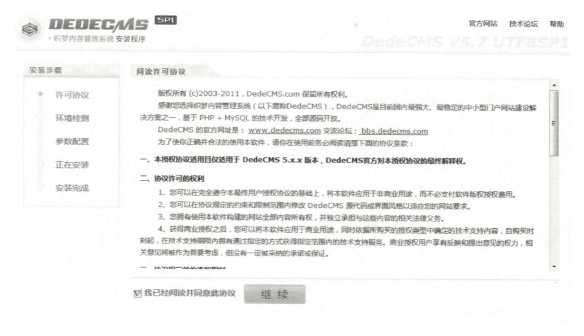

图 10－3

查看服务器信息及安装目录。本地网站的访问地址为：127. 0. 0. 1，记录系统安装的路径，为下一步模板文件的修改做准备，如图 10－4 所示。

服务器信息

参数	值
服务器域名	127.0.0.1
服务器操作系统	WINNT
服务器解译引擎	Apache/2.2.9 (APMServ) PHP/5.2.6
PHP版本	5.2.6
系统安装目录	D:\AMPServer\APMServ5.2.6\www\htdocs

图 10－4

检测环境和目录权限，可以为 MySQL 设置用户名和密码，默认用户名为 root，密码为空，如图 10－5 所示。

设置管理员信息，如图 10－6 所示。

为了体验 DedeCMS 的网站结构，建议安装初始化数据体验包，在 Internet 环境下，勾选

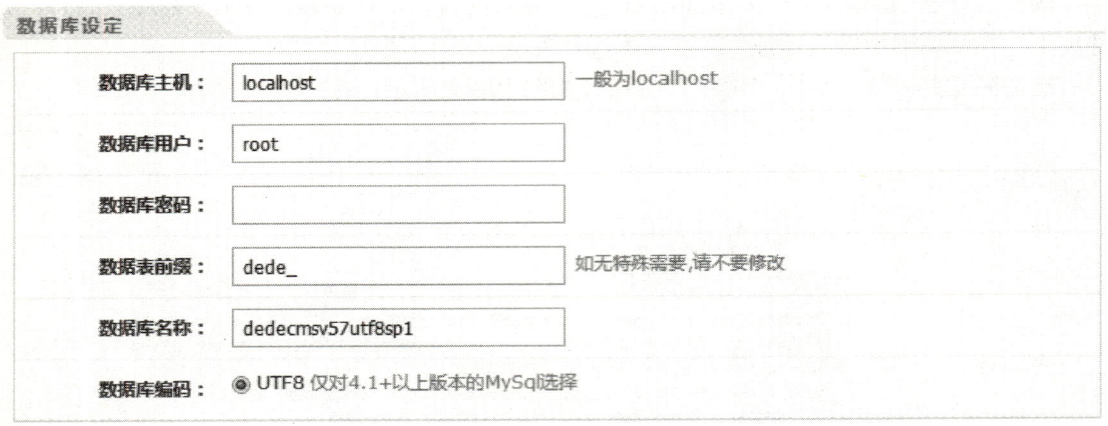

图 10-5

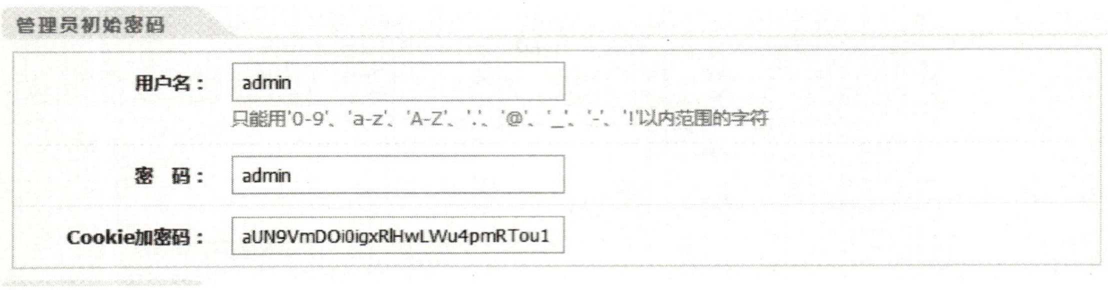

图 10-6

"安装初始化数据进行体验",单击"远程获取"按钮,如图 10-7 所示。

图 10-7

继续单击"下一步"按钮,完成所有模块安装,如图 10-8 所示。

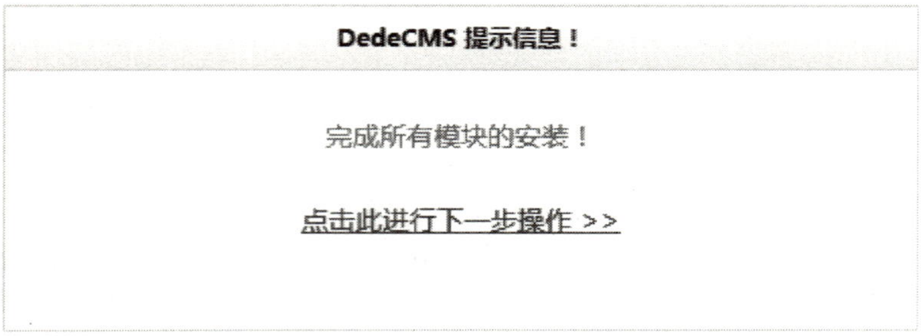

图 10-8

输入 http://127.0.0.1/index.php 访问网站首页，输入 http://127.0.0.1/dede 访问网站的管理员界面，如图 10-9 所示。

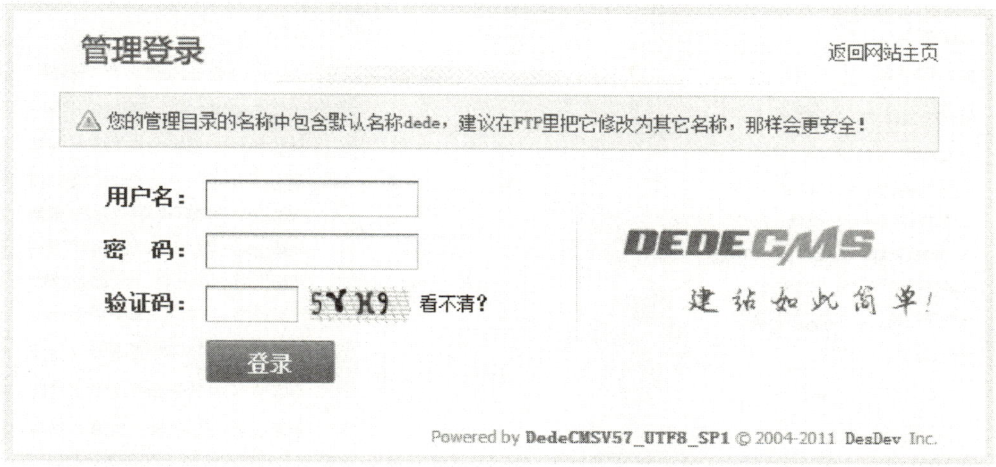

图 10-9

10.1.3 DedeCMS 软件的使用

输入初始用户名 admin，密码 admin，登录管理系统的后台。下面主要介绍三个功能的操作，分别是"栏目管理"、"内容发布"和"HTML 更新"。

1. 栏目管理

DedeCMS 的栏目设置有很多参数，如果想使用更简单些，可以不理会多余的参数，只填写红色字提示的表单项即可。在进行栏目管理操作之前，要先了解栏目操作的相关界面，如图 10-10 所示。

1) 增加栏目

增加栏目操作如图 10-11 所示，后面图片为其他选项。高级选项中的模板文件，将是制作新网站要调用的模板文件，一般需要三个模板文件，分别是 index_article.htm、list_article.htm、article_article.htm，分别代表了栏目的首页、栏目下文章的列表和文章内容的模板，模板文件的扩展名为 .htm。

创建修改栏目时，有以下几个注意事项：

(1) 增加栏目时最基本的设置。填写栏目名称和选择栏目所属的内容模型，此外还需要注意文件保存目录的选项，内容模型是指栏目属于文章、图集、下载等类型或自定义的内容类型，文件保存目录在没有填写的情况下系统会自动使用栏目名称的拼音作为栏目目录。

(2) 栏目属性。决定当前栏目是普通的多页列表还是单个封面页或跳转到其他网址的链接。

(3) 栏目交叉。栏目交叉是指一个大栏目与另一个非下级的子栏目出现交叉的情况，相当于系统原来的副栏目功能。

例如：网站上有大栏目——智能手机、音乐手机，另外又有栏目——诺基亚 | 智能手

你好：admin，欢迎使用DEDECMS！［网站主页］［会员中心］
主菜单
内容发布
插件模块
HTML更新
系统设置
网站栏目管理
IE浏览器可使用右键菜单进行操作。
［普通模式］［增加顶级栏目］［快速创建栏目］［更新所有栏目HTML］
职场资讯［ID:21］（文档：0）
·HR管理［ID:22］（文档：145）
·职业指导［ID:23］（文档：121）
·人才测评［ID:24］（文档：140）
·面试技巧［ID:25］（文档：120）
·薪资行情［ID:26］（文档：164）
·政策法规［ID:27］（文档：128）
文章［ID:16］（文档：44）
·文章2［ID:19］（文档：1）
交叉2223［ID:30］（文档：0）
相册［ID:17］（文档：12）
软件［ID:18］（文档：10）
·423［ID:29］（文档：0）
商店［ID:15］（文档：5）
预览|内容|增加子类|更改|移动|删除
更新排序
获取JS
更新栏目HTML
更新文档HTML

图 10－10

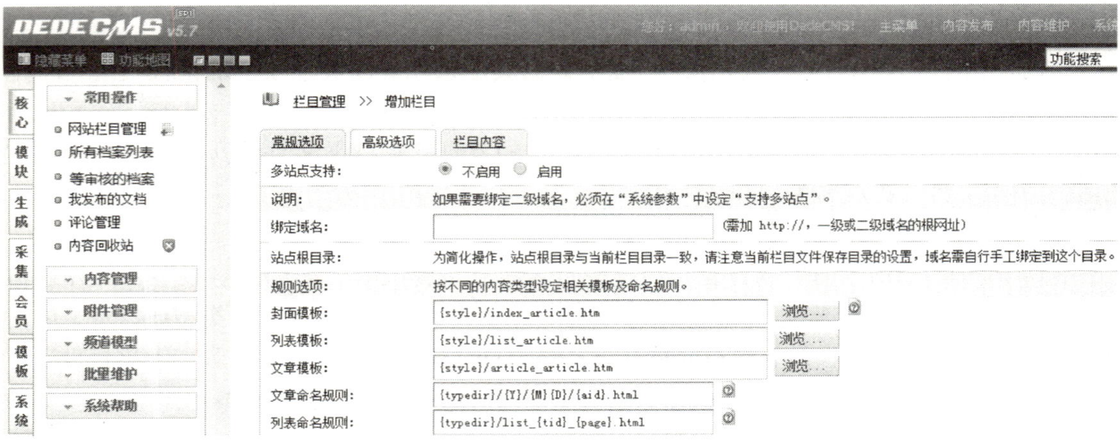
DEDECMS V5.7
隐藏菜单
功能地图
功能搜索
核心
模块
生成
采集
会员
模板
系统
常用操作
网站栏目管理
所有档案列表
等审核的档案
我发布的文档
评论管理
内容回收站
内容管理
附件管理
频道模型
批量维护
系统帮助
栏目管理 >> 增加栏目
常规选项
高级选项
栏目内容
多站点支持：
不启用
启用
说明：
如果需要绑定二级域名，必须在“系统参数”中设定“支持多站点”。
绑定域名：
（需加 http://，一级或二级域名的根网址）
站点根目录：
为简化操作，站点根目录与当前栏目目录一致，请注意当前栏目文件保存目录的设置，域名需自行手工绑定到这个目录。
规则选项：
按不同的内容类型设定相关模板及命名规则。
封面模板：
{style}/index_article.htm
列表模板：
{style}/list_article.htm
文章模板：
{style}/article_article.htm
浏览...
文章命名规则：
{typedir}/{Y}/{M}{D}/{aid}.html
列表命名规则：
{typedir}/list_{tid}_{page}.html

图 10－11

机、诺基亚丨音乐手机,顶级的大栏目和另一个大栏目的子栏目形成了交叉,这样只需要在大栏目中指定交叉的栏目即可。(注:会自动索引交叉栏目的内容,但不会索引交叉栏目下级栏目的内容,这种应用也适用于按地区划分资讯的站点。)

(4)绑定域名的设置。被绑定域名指向当前栏目目录为绑定域名的根目录,只有顶级栏目才能绑定域名。开启了栏目的二级域名还需要修改系统参数"是/否"支持多站点,开启此项后附件、栏目链接、arclist 内容启用绝对网址,改为"是"。

(5)栏目模板。栏目生成的 HTML 和栏目文档的 HTML 的命名规则都可以手工指定,可以在高级参数中填写此选项。

(6)栏目内容。对于大多数栏目而言,这一项可以不填写,通常用于公司简介等简单页面,可以直接在栏目里填写内容,栏目模板中用 {dede:field.content/} 调用。

2)快速创建栏目

如果不需要设置复杂的栏目参数,则可以用快速创建栏目的模式创建二级栏目,如图 10 – 12 所示,但如果要创建更深层次的目录,则必须单独创建。

图 10 – 12

2. 内容发布

发布内容有多种方式,但不管哪种方式,都必须先创建好栏目,如果你没有创建对应的内容模型的栏目,是不能直接发布文章或软件的,创建了栏目之后,可以通过下面几种方法发布内容:

(1)在"栏目管理"处,在栏目名称上方单击鼠标右键,单击"增加内容"选项,如图 10 – 13 所示。

(2)在"栏目管理"处,直接单击某栏目,进入内容列表,单击上方的"添加文档"按钮,如图 10 – 14 所示。

(3)也可以单击网站主页,进入前台的会员管理中心,使用前台的会员账号发布信息。发布完内容后,系统默认会自动生成文档的 HTML,但是这个文档对应的栏目列表,你必须手动生成 HTML。

图 10 – 13

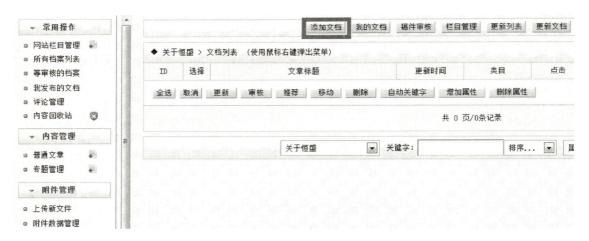

图 10 – 14

3. HTML 更新

为了减轻网站负载，提高搜索引擎的友好度，DedeCMS 大多数内容都需要生成 HTML，一般的操作如下：

（1）发布内容（发布时会直接生成文档的 HTML）。

（2）更新内容对应的栏目 HTML（如果同时更新了多个栏目的内容，可以用一键更新的模式进行操作）。

（3）更新主页 HTML（新版主页使用了缓存机制，实际上也可以不生成主页的 HTML，如果你想看到最新的效果，直接单击后台管理界面上的"网站主页"的链接会自动更新缓存)。它的 HTML 定期更新即可,不需要每次都更新。具体操作如图 10 – 15 所示。

图 10 – 15

10.2　DedeCMS 目录与结构

DedeCMS 安装后的目录结构如图 10 – 16 所示。

名称	日期	类型
a	2016/2/2 11:41	文件夹
data	2016/2/2 11:52	文件夹
dede	2016/2/2 11:52	文件夹
images	2016/2/2 11:40	文件夹
include	2016/2/2 11:52	文件夹
install	2016/2/2 11:54	文件夹
m	2016/2/2 11:41	文件夹
member	2016/2/2 11:41	文件夹
plus	2016/2/2 11:52	文件夹
special	2016/2/2 11:41	文件夹
templets	2016/2/2 11:41	文件夹
uploads	2016/2/2 11:41	文件夹
favicon.ico	2011/7/1 16:14	图标
index.php	2011/7/1 16:36	PHP Script
robots.txt	2011/7/1 16:36	文本文档
tags.php	2011/7/1 16:36	PHP Script

图 10 – 16

DedeCMS 目录的详细说明：

/a：默认 html 文件存放目录，用于存放生成的静态页面。

/data：系统缓存或其他可写入数据存放目录，用于存放临时文件和缓存文件。

/dede：默认后台管理目录，存放后台管理程序，后台部分的开发都会使用这里面的文件，例如：开发模型、模块和小插件等。

/images：系统默认模板图片存放目录，用于存放 dede 的图片。

/include：类库文件目录，核心类库（标签库，操作图像的类，操作数据库的类）。

/install：安装程序目录，安装完后可删除。

/m：是 20150618 更新包中的一个织梦手机站的一个模块，主要就是后台建立栏目可以生成对应的手机网站。

/member：会员目录，存放会员管理程序。

/plus：辅助程序目录，存放插件程序和将来开发的程序模块。

/special：专题目录。

/templets：系统默认内核模板目录。

/uploads：默认上传目录。

/index.php：网站默认首页。

/robots.txt：搜索控制文件。

/tags.php：标签页。

10.3 DedeCMS 标签

在学习标签之前先了解 DedeCMS 的另一个术语"模板"。模板以程序为架构，是内容的一种表现形式，举个例子，把"人"比作一个网站的内容，则其每天穿的衣服就好比是"模板"。在软件开发的 MVC 模式中，内容相当于数据层，而模板就是程序的表现层。DedeCMS 的设计思想是希望通过在模板中设计标签，以最大化地将表现层的代码剥离出来。

DedeCMS 标签是通过模板解析器进行解析的，使用解析器的最大好处是可以定制标签的属性，就像使用 HTML 标记一样。DedeCMS 的解析有解析式和编译式两种，在涉及内容管理和生成 HTML 的地方大都使用解析式标签，一些互动的功能则采用编译式标签，标签的语法规则如下：

{dede:标记名称 属性='值'/}

{dede:标记名称 属性='值'}{/dede:标记名称}

{dede:标记名称 属性='值'}自定义样式模板(InnerText){/dede:标记名称}

注意：如果使用带底层模板的标记，必须严格用 {dede：标记名称 属性='值'}{/dede：标记名称} 这种格式，否则会报错。下面介绍几种常用的标签。

（1）DedeCMS 标签中最常用的是 {arclist} 标签，它使用的范围是：封面模板、列表模板、文档模板。子属性为：[field:ID/]、[field:title/]、[field:shorttitle/]、[field:textlink/]、[field:writer/]、[field:stime/]、[field:typedir/]、[field:typename/]、[field:typelink/]、[field:imglink/]、[field:image/]。

下面例子显示了一个文章标题列表的属性：

第10章　CMS提高

```
{dede:arclist typeid = '' row = '1' titlelen = '20' infolen = '' imgwidth
= '100' imgheight = '80'} 文章ID：[field:ID/] < br/ > 文章标题：</font>
[field:title/] <br/> 文章的缩略图：</font>[field:image/] <br/> 文章所属栏
目的文字链接：</font>[field:typelink/] <br/ >
{/dede:arclist}
```

DedeCMS官方在{arclist}标签的基础上延伸出来一些另外的标签，如：hotart、coolart、likeart、artlist、imglist、imginfolist、specart、autolist。

（2）{channel}标签主要用于获取栏目列表，使用范围是封面模板、列表模板、文档模板。type有三个属性"top""sun/son""self"。示例如下：

{dede:channel row = '3' type = 'sun' typeid = '8'}，其中row是控制产生几条列表信息

```
< a href = "[field:typelink/]" >[field:typename/] </a >
{/dede:channel}
```

（3）{channelartlist}标签用于获取当前频道下级栏目的内容列表。该标签在封面模板（包括主页）中经常被用到。{channelartlist}标签是DedeCMS标签中唯一一个可以直接嵌套其他标签的标签。

下面的代码调用了一个ID为3的频道，也就是子栏目列表，其中显示了列表的名称、链接的地址等信息。

```
{dede:channelArtlist typeid = "3" col = "1"}
{dede:type}
< a href = "[field:typelink/]" >[field:typename/] </a >
{/dede:type}
{dede:arclist row = "5"}
< a href = "[field:arcurl/]" >[field:textlink/] </a >
{/dede:arclist}
{/dede:channelartlist}
```

（4）{type}标签表示指定的单个栏目的链接，作用在封面模板、列表模板、文档模板中。使用方式为：{dede:type typeid = '96'}{/dede:type} <br/ >。

（5）{list}标签表示列表模板里的分页内容列表。它仅适用于列表模板。示例如下：

```
{dede:list col = '1' row = '3' titlelen = '20'
imgwidth = '120' imgheight = '80' pagesize = '3' typeid = '95'}
[field:imglink/][field:textlink/]
{/dede:list}
```

这样的代码显示的是：文章中的缩略图 – 文章的标题连接。

（6）{pagelist}标签表示分页页码列表，作用的范围是列表模板。示例如下：

```
{dede:list col = '1' row = '3' titlelen = '20' imgwidth = '100' imgheight =
'50' pagesize = '3' typeid = '5'}
```

[field:imglink/][field:textlink/]

{/dede:list}

{dede:pagelist listsize='3' listitem='index pre pageno next end option'/}

效果是每一页显示三个文章列表。

(7) {pagebreak} 标签表示文档的分页链接列表，适用范围仅为文档模板。

{dede:pagebreak/}

使用{pagebreak}标签的前提条件是文章存在分页，在后台可以设置。

(8) {prenext} 标签表示获取文档"上一篇/下一篇"的链接列表，适用范围仅为文档模板。

{dede:prenext/}

{dede:prenext get='pre'/}上一篇

{dede:prenext get='next'/}下一篇

(9) {pagetitle} 标签表示获取文档的分页标题，适用范围仅为文档模板。

{dede:pagetitle style='select'/}

style 的属性'link'文字直接连接'select'下拉框

(10) {Mynews} 标签用于获取站内新闻，用于封面模板。作用是有利于站长及时与会员沟通。操作方法是在模块辅助插件中添加站内新闻，在 index.htm 中调用的语句是：

{dede:mynews row='2' titlelen='25'}标题：[field:title/]

作者：[field:writer/]

时间：[field:senddate function="strftime('%y-%m-%d %H:%M',@me)"/]

内容：[field:body/]

{/dede:mynews}

(11) {vote} 标签用于获取一组投票表单，适用于封面模板。

操作过程是：在后台选择模块辅助插件丨投票模块丨增加一组投票。

调用过程是：{dede:vote id='2' lineheight='20' tablewidth='50%' titlebgcolor='#E86FA2' titlebackground='' tablebgcolor='#FFFFFF'}

{/dede:vote}

(12) {flink} 标签，友情链接标签 flink 用于获取友情链接。

{dede:flink row='24'/}调用出网站的友情链接，一般工作中只用来调用文字连接。

<ul>

{dede:flink row='24'/}

</ul>

(13) {tag} 标签，tag 标签是一种由您自己定义的，比分类更准确、更具体，可以概括文章主要内容的关键词。

{dede:tag sort='new' getall='0'}

```
<a href='[field:link]'>[field:tag]</a>
{/dede:tag}
```
[field:tag] 转化成 tag 标签的名字
[field:link] 对应的 tag 标签的地址,类似于/dede/tags.php?/tag 标签的名字/
传入(属性)参数说明:
sort:new 表示最新添加的 tag 标签排在最前面;
month 表示按月的点击量进行排序;
week 按照周的一个点击量进行排序;
rand 随机排序,每次刷新都不一样。

(14) {dede:field.title/} 标签。在列表页的作用是调用出当前栏目的名称(并且会把当前栏目的祖辈栏目名称也调用出来,用/分隔)。在文档页的作用是调用出当前文档的标题。

(15) {dede:field name='keywords'/} 标签。在列表页的作用是调用出栏目的关键字(高级选项里面),在文档页的作用是调用出当前文档的关键字,直接添加文档时就有关键字,修改时在单击"修改"后,在高级参数里面设置即可。

(16) {dede:field name='description'/} 标签。在列表页的作用是调用出栏目的描述信息(高级选项里面)。

(17) {dede:field name='position'/} 标签。在列表页的作用是调用出当前栏目的位置。在文档页的作用也一样。

(18) {list} 标签(列表页专用)。

```
{dede:list pagesize='10'}
<li>
<a href="[field:arcurl]" class="title">[field:title]</a>
<span class="info"><small>日期:</small>
[field:pubdate function="GetDateTimeMK(@me)"]
<small>点击:</small>[field:click]
<p class="intro">[field:description]...</p>
</li>
{/dede:list}
```

其中参数: pagesize='10'表示需要显示的文档数量是 10。

(19) {dede:field.pubdate function="MyDate('Y-m-d H:i',@me)"/} 标签。在文档页的作用是调用出文档的发布时间。

(20) {dede:field.source/} 标签。在文档页的作用是调用出文档的来源。

(21) {dede:field.description/} 标签。
在文档页的作用是调用出文档的描述信息,当添加文档时如果不填写描述信息,就会把文档的详细内容的前多少个字截取出来作为描述信息。

(22) {dede:field.body/} 标签。在文档页的作用是调用出文档的详细内容。

(23) {dede:adminname/} 标签。文档页的作用是调用出文档的责任编辑(笔名)。

其他首页标签及功能如下:

(1) {dede:global.cfg_soft_lang/},调用出网站的编码。

(2) {dede:global.cfg_webname/}，调用出网站的名称。

(3) {dede:global.cfg_description/}，调用出网站的描述信息。

(4) {dede:global.cfg_keywords/}，调用出网站的关键字。

(5) {dede:global.cfg_templets_skin/}，调用出默认模板文件的目录。

(6) {dede:global.cfg_cmsurl/}，调用出网站的目录，url 地址。

(7) {dede:global.cfg_cmspath/}，调用出网站的所在路径。

(8) {dede:global.cfg_dataurl/}，调用出网站的 data 目录。

(9) {dede:global.cfg_basehost/}，调用出网站所在的域名。

(10) {dede:myad name = 'sifangku'/}，调用出对应的广告，name 后面的值表示广告位标识。

(11) {dede:include filename = 'my_head.htm'/}，引入另外一个模板文件，只要在 filename 后面写上模板文件的名字就可以了。

其他标签的使用可以参考官方文档。

10.4 首页面制作

下面通过一个实例来讲解 DedeCMS 的网站制作过程。打开要仿制的网站，如图 10 – 17 所示。

图 10 – 17

10.4.1 DedeCMS 后台页面操作

（1）进入 DedeCMS 的网站模板目录：D:\AMPServer\APMServ5.2.6\www\htdocs\templets，新建一个文件夹"hengsheng"，在此目录下新建两个文件夹"images"和"style"，如图 10-18 所示。

图 10-18

（2）进入 DedeCMS 的后台管理，网址是 127.0.0.1/dede，默认用户名和密码都是 admin。进入管理界面后选择系统 | 基本参数设置，将默认的模板风格修改为"hengsheng"，如图 10-19 所示。

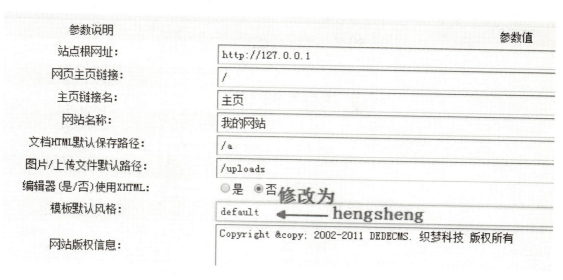

图 10-19

（3）将刚才浏览的首页面保存并且更名为"index.html"，如图 10-20 所示。

（4）将刚刚保存的页面"index.htm"复制到"hengsheng"的目录下，将 index_files 和文件夹下的内容全部复制到 DedeCMS 刚刚新建的"images"文件夹下。在 Dreamweaver CS6 中打开"index.htm"，提示是否更新链接，选择"否"按钮，如图 10-21 所示。

（5）进入 DedeCMS 的生成 | 更新主页，将信息替换成如下内容，如图 10-22 所示。

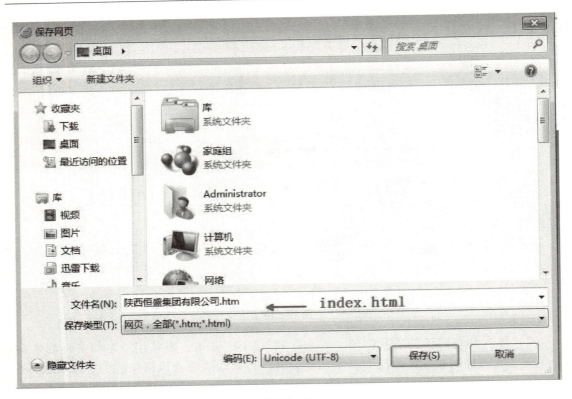

图 10 – 20

图 10 – 21

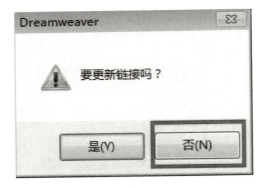

图 10 – 22

此时浏览网站，http://127.0.0.1/index.html 已经变成了刚刚生成的新页面，不过图片和所有页面资源的链接全部都不正确，需要将链接更新至本地的"images"文件夹下。

10.4.2　首页代码的实现

（1）将 DedeCMSwww \ htdocs \ templets \ default 路径下的 index.html 文件打开，找到如下代码：

`<link href = "{dede:global.cfg_templets_skin/}/style/dedecms.css" rel = "stylesheet" media = "screen" type = "text/css"/>`

其中标签 {dede：global.cfg_ templets_ skin/} 代表了模板风格的默认位置，{dede：global.cfg_ templets_ skin/} 是调用默认样式，路径一般为网站地址/templets/default，如果修改了默认样式，文件夹就是网站地址/templets/默认文件夹。

刚刚我们已经修改了默认模板风格为"hengsheng"，在模板中可以这样调用 css：{dede：global.cfg_ templets_ skin/} /style.css。如果其他几套样式和默认的文件一样，就可以在后台进行样式的切换。打开"hengsheng"文件夹下的"index.html"文件，替换资源的路径，按下组合键【Crtl + F】，替换为如图 10 – 23 所示内容。

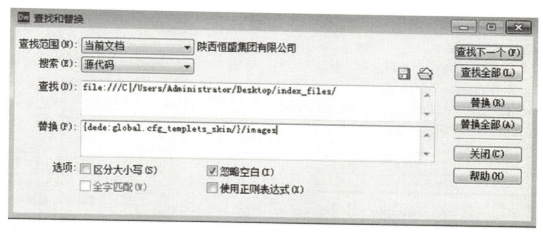

图 10 – 23

（2）保存首页文件的时候图片没有全部下载，而首页中的导航图片是背景图，且首页设置了右键禁用功能代码。浏览目标网站 www.sxhengsheng.cn，下载"index.html"网页的目录结构后，图片文件保存在站点根目录的"images"文件夹下，在浏览器的网址中输入 www.sxhengsheng.cn/images/01.jpg，找到导航的第 1 张图片，在浏览器中单击右键另存到本地模板文件的"images"文件夹下，按照此方法将编号为 01～10 的图片全部下载，如图 10 – 24 所示。

（3）在 Dreamweaver CS6 中找到以下 CSS 代码，该代码控制导航图片的播放方式。

`#glume.Limg LI.bg_0{BACKGROUND:url(images/0.jpg)#711016 no-repeat center top}`

增加 {dede:global.cfg_templets_skin/} 标签以更改图片的路径，修改后的代码为：

`#glume.Limg LI.bg_0{BACKGROUND: url({dede: global.cfg_templets_`

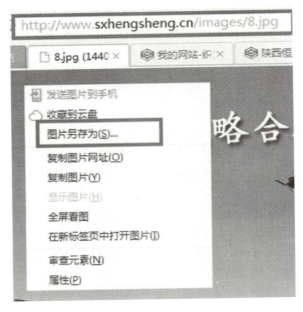

图 10-24

skin/}/images/0.jpg)#711016 no-repeat center top},依次替换10张图片的路径。

（4）制作首页中的栏目内容，共三个栏目，分别是"企业动态""公司简介""恒盛导报"。在 Dreamweaver CS6 的"index. html"的代码中找到企业动态的代码，可以在 Dreamweaver CS6 的拆分模式下，在右侧视图中选择企业动态中的"more"图标，在左侧选中其代码，如图 10-25 所示。

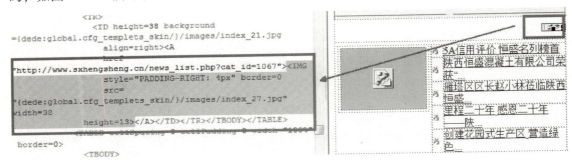

图 10-25

（5）将原网址替换成新网站的网址+栏目地址，在 DedeCMS 的后台添加栏目下的文章，选择【核心】|【网站栏目管理】|【企业文化】|【添加文档】，如图 10-26 所示。

（6）按照目标网站的内容，添加到本地网站。注意：由于目标网站设置了右键禁用功能，可以先将目标网站的内容复制到本地，在 Dreamweaver CS6 中打开，将 <body> 标签内的限制性代码删掉，然后复制内容到 DedeCMS 中。

（7）首页中有3个显示的栏目，都有相应的动态内容，以"企业动态"的栏目为例，找到如下代码来分析：

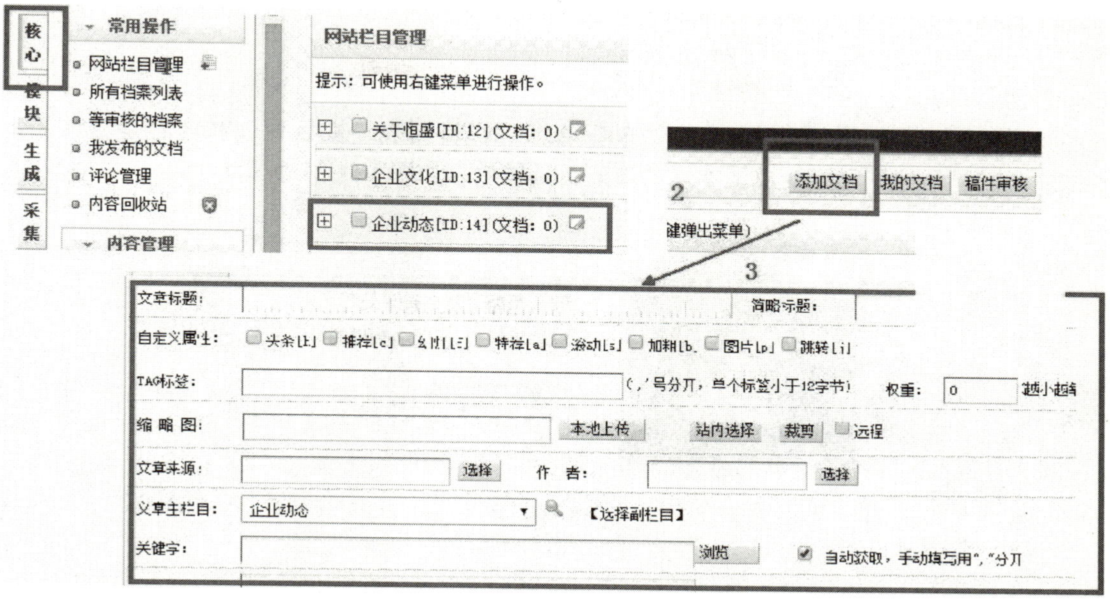

第 10 章 CMS 提高

图 10-26

```
"100%" border=0>
    <TBODY>
    <TR>
    <TD width=19 align=left><IMG src="{dede:global.cfg_templets_skin/}/images/index_39.jpg" width=11 height=12></TD><TD width=192 align=left><Ahref="http://www.sxhengsheng.cn/news_content.php?id=4917">5A信用评价 恒盛名列榜首</A>
    </TD>
    </TR>
    </TBODY>
    </TABLE>
```

发现源代码下文中的新闻列表在形式上都是一致的,在一个 class=li01 的表格中以列表的形式重复显示,在 DedeCMS 中可以调用 {dede:arclist} 标签来实现。在此位置中文章显示条数为5,列为1,标题长度为20,我们修改上文的代码为:

```
{dede:arclist  typeid='14' row='5' col='1' titlelen='20' infolen=''}
        <TABLE class=li01 height=21 cellSpacing=0 cellPadding=0 width="100%" border=0>
            <TBODY>
                <TR>
                    <TD width=19 align=left><IMG src="{dede:global.cfg_templets_skin/}/images/index_39.jpg" width=11 height=12></TD>
                    <TD width=192 align=left><A href="[field:ar-
```

```
curl/]">[field:title/]</A></TD></TR>
        </TBODY></TABLE>
{/dede:arclist}
```

这样就调用了栏目编号为 14 的"企业动态"栏目列表,栏目列表和内容是提前添加的,文章的具体地址已经变成了本地的地址,具体效果如图 10 - 27 所示。

图 10 - 27

(8) 其他两个栏目的添加方式和"企业动态"栏目相似,下面更改一下首页中的网站信息。

网站名称:{dede:global.cfg_webname/}

网站根网址:{dede:global.cfg_basehost/}

网站根目录:{dede:global.cfg_cmsurl/}

网页主页链接:{dede:global.cfg_indexurl/}

网站描述:{dede:global.cfg_description/}

网站关键字:{dede:global.cfg_keywords/}

模板路径:{dede:global.cfg_templets_skin/}

调用页面:{dede:include filename = "head.htm"/}

网站编码:{dede:global.cfg_soft_lang/}

在网站中相应位置添加以上标签,就可以实现 DedeCMS 系统基本参数管理,不需要每次编辑首页的源代码,直接在【系统】|【系统基本参数设置】里进行设置,如图 10 - 28 所示。

(9) 外部文件的调用。网站中的 CSS 和 js 文件都通过链接调用的方式引入,如整体网站的 CSS 标签链接为: < LINK rel = stylesheet type = text/css href = "{dede:global.cfg_templets_skin/}/images/global.css" media = all >。"公司简介"和"恒盛导报"的制作方法与此类似。

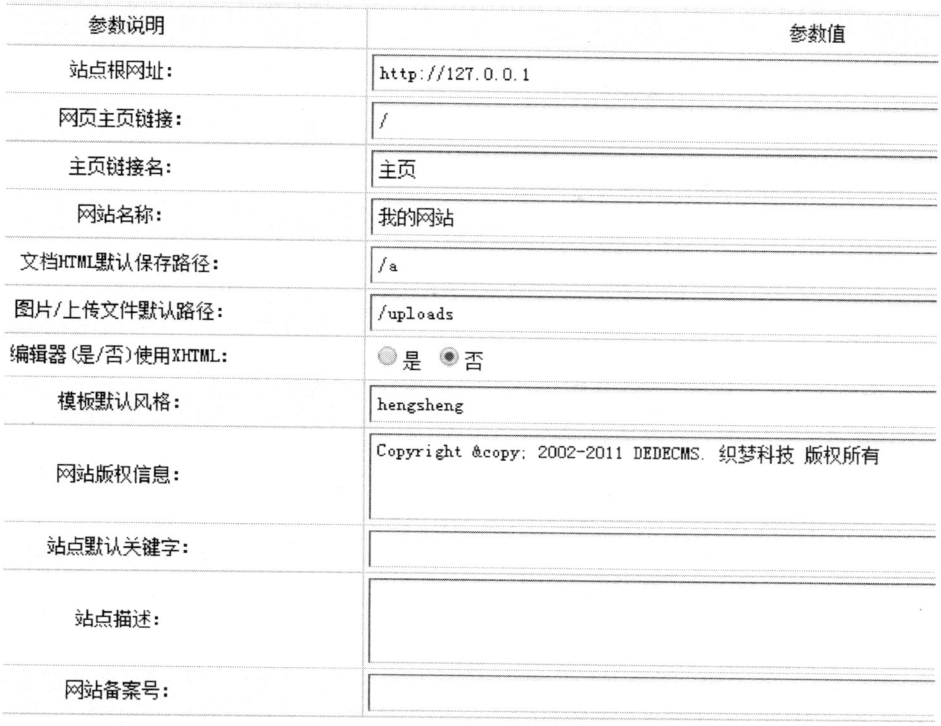

参数说明	参数值
站点根网址：	http://127.0.0.1
网页主页链接：	/
主页链接名：	主页
网站名称：	我的网站
文档HTML默认保存路径：	/a
图片/上传文件默认路径：	/uploads
编辑器(是/否)使用XHTML：	○是 ●否
模板默认风格：	hengsheng
网站版权信息：	Copyright © 2002-2011 DEDECMS. 织梦科技 版权所有
站点默认关键字：	
站点描述：	
网站备案号：	

图 10–28

10.5 二级页面制作

10.5.1 DedeCMS 后台页面操作

二级页面中的"关于恒盛""企业文化""企业动态""产品中心""人才招聘"几个栏目的结构是相似的，都是左侧子栏目、右侧子栏目列表。而"工程案例""旗下公司"两个栏目都采用图片列表的方式显示。"人才招聘"和"联系我们"两个栏目是内容页。我们按照结构的不同分别来制作。

（1）进入 DedeCMS 后台管理程序，选择【核心】|【网站栏目管理】|增加顶级栏目，如图 10–29 所示。

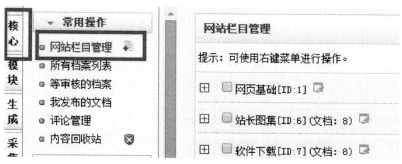

图 10–29

(2) 填写栏目信息，内容模型选择"普通文章"，栏目名称参考首页上的栏目名称，注意在"文件保存目录"这个选项中勾选"拼音"，如图 10-30 所示。

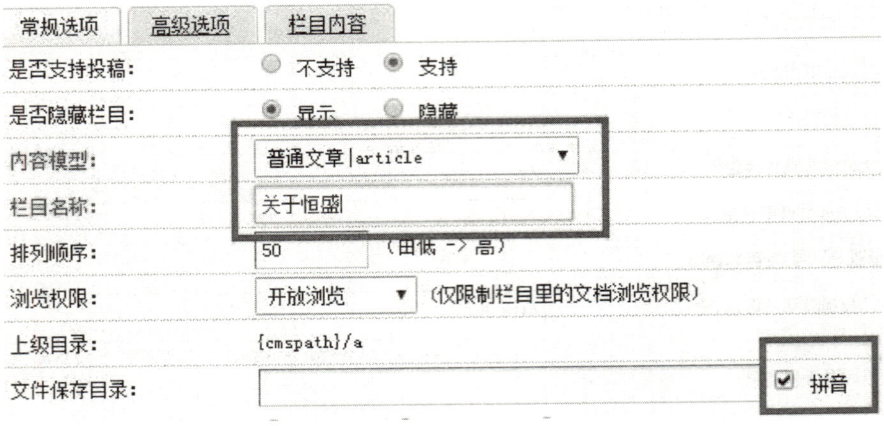

图 10-30

(3) 在"企业动态"栏目下新增两个子栏目，分别为"集团新闻"和"视频中心"，将所有栏目添加完毕后效果如图 10-31 所示。

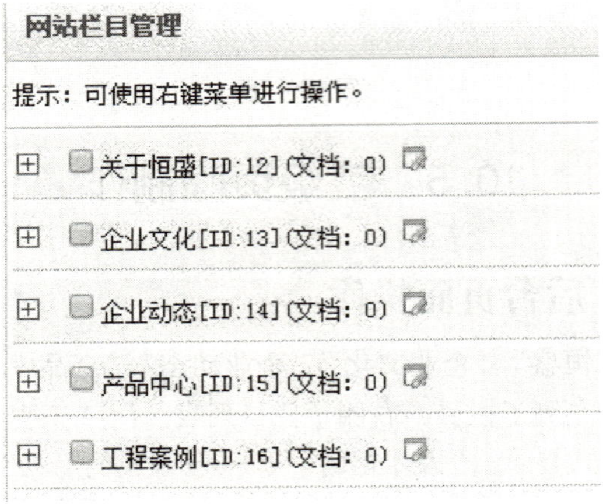

图 10-31

(4) 修改"企业动态"栏目的模板文件，选择【栏目管理】|【修改栏目】|【高级选项】，修改为如图 10-32 所示的样式。

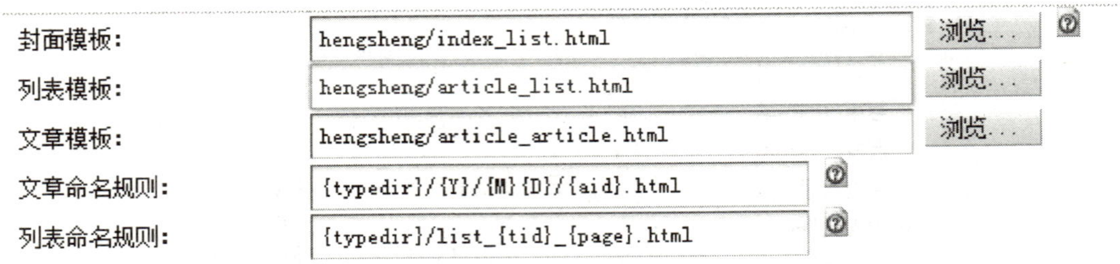

图 10-32

10.5.2 二级页面代码的实现

(1) 以企业动态的页面为例,将目标网站的页面保存为"index_list.html",先将"index_list"文件夹下的图片剪切到 DedeCMS 的 hengsheng\images 文件夹下备用,然后在 Dreamweaver CS6 中打开"index_list.html",将文件另存在目录"hengsheng"下,然后编辑新路径下的页面。

(2) 按照修改主页的方法将图片、CSS 文件、js 文件的路径都替换为:{dede:global.cfg_templets_skin/},页面中的图片即可正常显示。

(3) 栏目列表调用。

标签名称:{channel}

标签简介:常用标记,通常用于网站顶部以获取站点栏目信息,方便网站会员分类浏览整站信息。

功能说明:用于获取栏目列表。

适用范围:全局使用。

基本语法:

```
{dede:channel type='top' row='8' currentstyle="<li><a href='~typelink~' class='thisclass'>~typename~</a></li>"}
    <li><a href='[field:typelink/]'>[field:typename/]</a></li>
{/dede:channel}
```

参数说明:

typeid = '0' 栏目 ID。

reid = '0' 上级栏目 ID。

row = '100' 调用栏目数。

col = '1' 分多少列显示(默认为单列)。

type = 'son | sun' 'son 表示下级栏目,self 表示同级栏目,top 顶级栏目。

currentstyle = '' 应用样式。

底层模板字段:

ID (同 id), typeid, typelink, typename, typeurl, typedir (仅表示栏目的网址)。

调用以下代码实现"企业动态"子栏目的调用,其中 typeid = '14'是"企业动态"的栏目编号,可以从栏目管理中查看。

```
<ul>
    {dede:channelartlist typeid='14'}
    <li>
        <a href="{dede:field name='typeurl'/}">
    {dede:field name='typename'/}
        </a>
</li>
    {/dede:channelartlist}
</ul>
```

显示效果如图 10 – 33 所示。

(4) 栏目下文章列表的实现。

首先在管理后台中录入栏目下文章的相应内容，具体实现与上文中"企业动态"栏目下列表调用的方式相同，都是调用 {dede:arclist} 标签，代码如下：

图 10 – 33

```
{dede:arclist typeid = '20' row = '' col = '1' titlelen = '20' orderby = 'id' keyword = '' limit = '0,20'}
< table width = "100% " height = "28" border = "0" cellpadding = "0" cellspacing = "0" class = "box1 li04" > < tbody >
< tr >
    < td width = "19" align = "left" > < img src = "{dede:global.cfg_templets_skin/}/images/index_39.jpg" width = "11" height = "12" > </td>
    < td width = "540" align = "left" > < a href = "[field:arcurl/]" > [field:title/] </a> </td>
    < td width = "163" align = "right" >2016 – 02 – 02 </td>
</tr> </tbody> </table> {/dede:arclist}
```

其中"集团新闻"的栏目编号为 20，分 1 列显示标题，按照文章标题的 ID 进行排列。文章分页显示。

标签名称：{dede:pagelist}

功能说明：表示分页页码列表。

适用范围：仅列表模板 list_ * . htm。

基本语法：

{dede:pagelist listsize = '5' listitem = ''/}

参数说明：

listsize 表示［1］［2］［3］这些项的长度×2。

listitem 表示页码样式，可以把下面的值叠加。

index 表示首页。

pre 表示上一页。

pageno 表示页码。

next 表示下一页。

end 表示末页。

option 表示下拉跳转框。

实现代码为：

```
< div class = "tg_pages" >
< ul >
    {dede:pagelist listitem = "info,index,end,pre,next,pageno" listsize = "5"/}
</ul>
```

```
</div>
```
调用的 css 样式内容为:
```css
<style>
.tg_pages{
    padding-top:10px;
    padding-bottom:10px;
    text-align:center;
}
.tg_pages li{
    display:inline;
    line-height:22px;
}
.tg_pages li a{
    margin-right:5px;
    padding-right:5px;
    padding-left:5px;
    padding-top:3px;
    padding-bottom:3px;
    border:1px solid #CCC;
    background-color:#FFF;
}
.thisclass{
    font-weight:bold;
    color:#C00;
}
</style>
```
实现后的具体效果如图 10-34 所示。

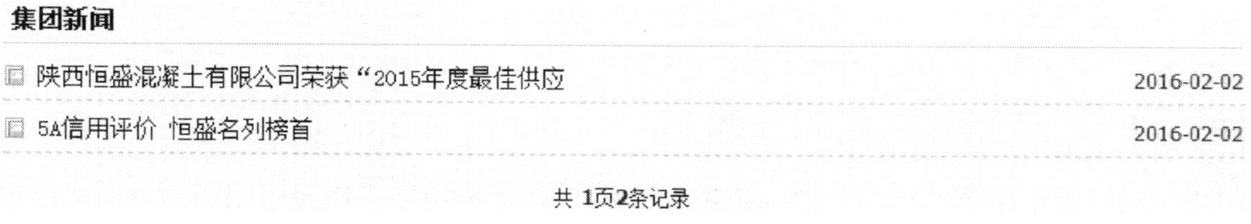

集团新闻

☐ 陕西恒盛混凝土有限公司荣获"2015年度最佳供应	2016-02-02
☐ 5A信用评价 恒盛名列榜首	2016-02-02

共 1页2条记录

图 10-34

10.6 三级页面制作

以二级栏目"集团新闻"下的文章内容为例制作三级页面,三级页面左侧与二级页面相同,只制作右侧文章显示的具体内容。

10.6.1 DedeCMS 后台页面操作

（1）进入 DedeCMS 后台管理程序，添加栏目下的文章，如图 10-35 所示。

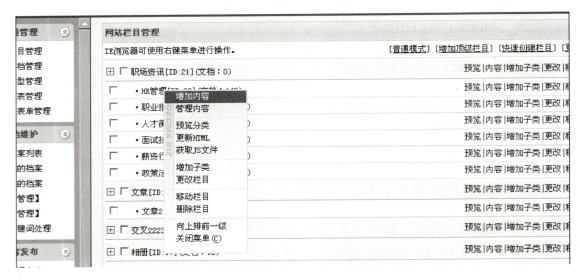

图 10-35

发布内容有多种方式，但不管哪种方式，都必须先创建好栏目。没有创建对应内容模型的栏目，不能直接发布文章或软件。创建了栏目之后，可以通过下面几种方法发布内容：

①在"栏目管理"处，在栏目名称上方单击鼠标左键，单击"增加内容"选项；

②在"栏目管理"处，直接单击某栏目，进入内容列表，单击上方的"增加文档"按钮；

③单击顶部的"内容发布"选项卡，进入树形导航目录，在相应的目录单击鼠标左键进行操作；

④也可以单击网站主页，进入前台的会员管理中心，使用前台的会员账号发布信息。

（2）添加内容如图 10-36 所示，发布完内容后，系统默认会自动生成文档的 html，但是此文档对应的栏目列表，必须手动生成 html。

10.6.2 三级页面的代码实现

（1）以企业动态的页面为例，将目标网站的页面保存为"article_article.html"，先将"article_article"文件夹下的图片剪切到 DedeCMS 的 hengsheng｜images 文件夹下备用，然后在 Dreamweaver CS6 中打开"article_article.html"，将文件另存在目录"hengsheng"下，然后编辑新路径下的页面。

（2）按照修改主页的方法将图片、CSS 文件、js 文件的路径都替换为：｛dede:global.cfg_templets_skin/｝，页面中的图片即可正常显示。

（3）文档显示的代码实现主要用到了几个内容的标签，具体如下：

①文档内容标签（field）。

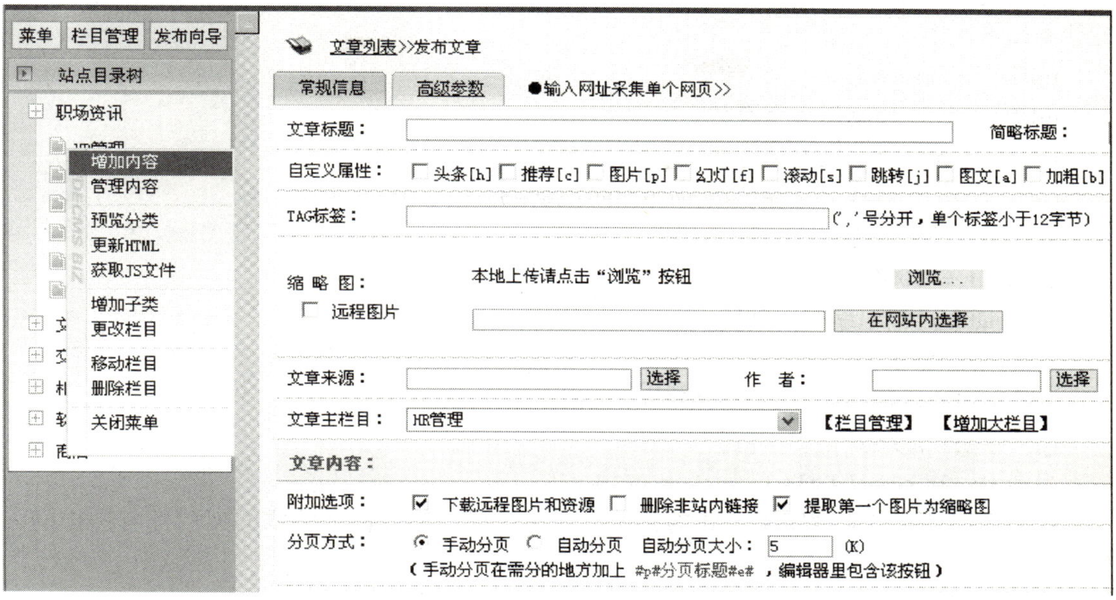

图 10-36

此标签的调用书写格式为：

{dede:field.字段名/}

这个字段名的取值范围为主表及相关附加表的所有字段，且调用附加表字段不像 arclist 与 list 标签一样需要额外设置参数或者后台，它无须做任何设置，默认均全部有效。

这里列出几个比较常用的调用：

{dede:field.title/}文章标题。

{dede:field.writer/}文章作者。

{dede:field.source/}文章来源。

{dede:field.pubdate function = "MyDate('Y-m-d H:i:s',@me)"/}更新时间。

{dede:field.typename/}文档栏目名称。

{dede:field.scores/}文档积分。

{dede:field.body/}正文内容。

②内容分页（pagebreak）。

这个标签没有底层模板，甚至连一个参数都没有。不管做什么样的模板，它的调用代码都是 {dede:pagebreak/}。意义也表达得很清楚，就是文档内容正文分页。

③分页标题（pagetitle）。

分页标题也是无底层模板的调用标签，有且仅有一个参数：style = 'select' 分页标题的显示样式（select：下拉菜单/link：文字链接）。它也是一样，没有例外，所有模板的调用一样。调用代码为：

{dede:pagetitle style = 'select'/}

④相关文档（likearticle）。

相关文档只适用于文档内容页,是一个有底层模板的调用标签,其标签名为 likearticle,参数有以下几个:

row = '5' 调用条数。
titlelen = '30' 标题最大字符数。
infolen = '60' 简介最大字符数。
col = '2' 分几列显示(建议用 css 的 float 属性)。
mytypeid = '5' 限制栏目 ID。
imgwidth = '100' 缩略图宽度。
imgheight = '100' 缩略图高度。

它的调用代码为:

{dede:likearticle row = '8' titlelen = '22'}
[field:title/]
{/dede:likearticle}

相关文档是通过关键字来关联的,所以要想关联,就要保证关联的文档都有同样的关键字。

⑤用户信息(memberinfos)。

用户信息标签可全局使用,之所以把它归档到内容页来讲,是因为此标签在内容页的使用更加普遍。

该标签是有底层模板的调用标签,有且只有一个参数,mid = '1' 指定要获取的用户 ID。如果在文档阅读页,该参数为空的话,那么就默认指定该文档的发布者会员 ID,通常用来实现类似调用"发布者资料"的功能。其完整代码为:

{dede:memberinfos}
昵称:[field:uname/]
{/dede:memberinfos}

底层模板的取值范围是:dede_member 所有字段及 spacename(空间名称)、sign(用户签名)。

⑥上/下一篇(pagenext)。

上一篇是{dede:prenext get = 'pre'/}
下一篇是{dede:prenext get = 'next'/}

实现代码如下:

< td height = "30" align = "left" background = "{dede:global.cfg_templets _ skin/}/about1 _ 65.jpg" style = " padding- left: 5px;" > {dede: field.typename/} </td >
< td align = "center" height = "30" style = "font- size:14px;font-weight:bolder;color:#3399FF;line-height:30px;" >{dede:field.title/} </td >
< td align = " center" height = "25" style = " font- size: 12px; color: #999999" >信息来源:{dede:field.source/} |[{dede:field.pubdate function = "MyDate('Y-m-d H:i:s',@me)"/}]点击量: < script src = "{dede:field name = 'phpurl'/}/count.php? view = yes&aid = {dede: field name = ' id '/} &mid =

```
{dede:field name = 'mid'/}" type = 'text/javascript' language = "javas-
cript" > </script > </td >
    <td align = "left" class = "text" style = "padding-top:10px;font-size:
12px;line-height:22px;" >
   {dede:field.body/} </td >
```

其中第 4 个单元格 {dede:field.body/} 显示了文章的内容。最终效果如图 10－37 所示。

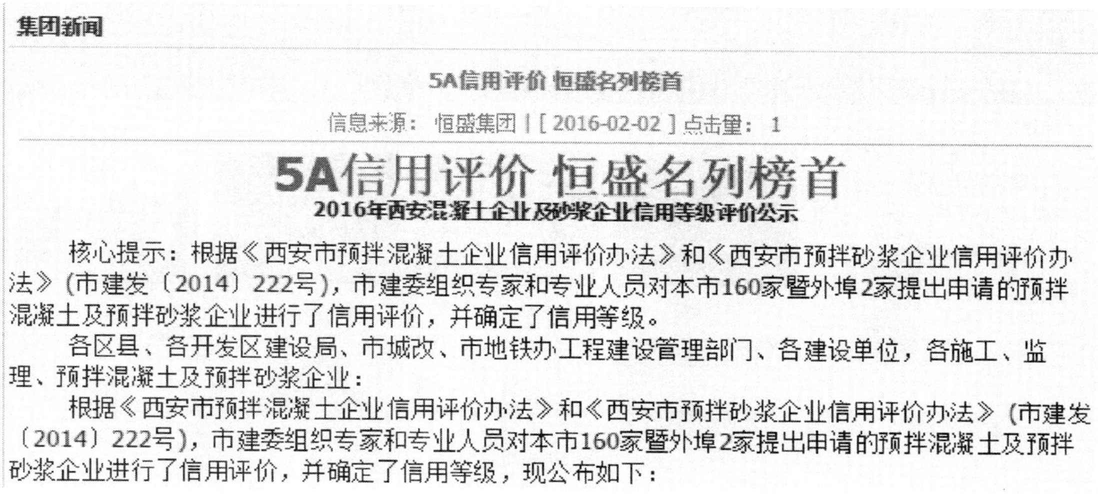

集团新闻

5A信用评价 恒盛名列榜首

信息来源：恒盛集团 | [2016-02-02] 点击量：1

5A信用评价 恒盛名列榜首

2016年西安混凝土企业及砂浆企业信用等级评价公示

核心提示：根据《西安市预拌混凝土企业信用评价办法》和《西安市预拌砂浆企业信用评价办法》(市建发〔2014〕222号)，市建委组织专家和专业人员对本市160家暨外埠2家提出申请的预拌混凝土及预拌砂浆企业进行了信用评价，并确定了信用等级。

各区县、各开发区建设局、市城改、市地铁办工程建设管理部门、各建设单位，各施工、监理、预拌混凝土及预拌砂浆企业：

根据《西安市预拌混凝土企业信用评价办法》和《西安市预拌砂浆企业信用评价办法》(市建发〔2014〕222号)，市建委组织专家和专业人员对本市160家暨外埠2家提出申请的预拌混凝土及预拌砂浆企业进行了信用评价，并确定了信用等级，现公布如下：

图 10－37

习题与实践

一、选择题

1. DedeCMS 使用的默认网络是（　　）。

   A. default　　B. index　　C. article　　D. 用户自定义

2. DedeCMS 的默认底层模板是（　　）。

   A. {cmspath}/templets/system　　B. {cmspath}/templets/plus

   C. {cmspath}/member/templets　　D. {cmspath}/dede/templets

3. DedeCMS 的模板引擎分为哪两种？（　　）（双选）

   A. 静态模板引擎　　B. 动态模板引擎

   C. B/S 模板引擎　　D. C/S 模板引擎

4. {dede:arclist} 标签用于获取系统主从表模型，其中表示标题长度的参数是（　　）。

   A. titlelen　　B. infolen　　C. getall　　D. listtype

5. {pagelist} 标签表示分页页码列表，其中下列哪项参数表示上一页？（　　）

   A. pre　　B. pageno　　C. end　　D. option

二、实践题

1. 使用 DedeCMS 完成如图 10－38 所示内容页的制作。

图 10-38

2. 使用 DedeCMS 完成如图 10-39 所示留言板页面的制作。

图 10-39

参 考 文 献

［1］温谦. HTML + CSS 网页设计与布局从入门到精通［M］. 北京：电子工业出版社，2008.

［2］魏利华. 移动商务网页设计与制作［M］. 北京：北京理工大学出版社，2015.

［3］［英］Ben Frain. 响应式 Web 设计 HTML5 和 CSS3 实战［M］. 王永强，译. 北京：人民邮电出版社，2013.

［4］库波，汪晓青. HTML5 与 CSS3 网页设计［M］. 北京：北京理工大学出版社，2013.

［5］成林. Bootstrap 实战［M］. 北京：机械工业出版社，2013.